Mathematisch-technische Zahlentafeln

Vorgeschrieben zum Gebrauch im Unterricht und bei den Prüfungen an den Höheren Technischen Staatslehranstalten für Maschinenwesen und Elektrotechnik, Technischen Staatslehranstalten für Maschinenwesen. und Hüttenwesen und anderen Fachschulen für die Metallindustrie

durch Ministerial-Erlaß vom 1. März 1933

Zusammengestellt von

Oberstudienrat i. R., Dipl.-Jng. **H. Bohde**
in Dortmund

unter Mitwirkung von

Studienrat Dipl.-Jng. **H. Höhn** und Studienrat Dr.-Jng. **Werners**
an den Verein. Techn. Staatslehranstalten für Maschinenwesen
und Elektrotechnik in Dortmund

Achte, vermehrte Auflage

Springer-Verlag Berlin Heidelberg GmbH
1937

ISBN 978-3-662-35621-0

ISBN 978-3-662-36451-2 (eBook)

DOI 10.1007/978-3-662-36451-2

Inhaltsverzeichnis.

Die Zahlentafeln sind soweit wie möglich dem **Dubbel**schen Taschenbuch für den Maschinenbau entnommen, das als Lehrmittel an den Höheren Technischen Staatslehranstalten für Maschinenwesen und Elektrotechnik und den Technischen Staatslehranstalten für Maschinenwesen und Hüttenwesen eingeführt ist.

---

n	n^2	n^3	$\sqrt{n}$	$\sqrt[3]{n}$	$\ln n$	$\dfrac{1000}{n}$	πn	$\dfrac{\pi n^2}{4}$	n
1	1	1	1,0000	1,0000	0,0000	1000,000	3,142	0,7854	1
2	4	8	1,4142	1,2599	0,6931	500,000	6,283	3,1416	2
3	9	27	1,7321	1,4422	1,0986	333,333	9,425	7,0686	3
4	16	64	2,0000	1,5874	1,3863	250,000	12,566	12,5664	4
5	25	125	2,2361	1,7100	1,6094	200,000	15,708	19,6350	5
6	36	216	2,4495	1,8171	1,7918	166,667	18,850	28,2743	6
7	49	343	2,6458	1,9129	1,9459	142,857	21,991	38,4845	7
8	64	512	2,8284	2,0000	2,0794	125,000	25,133	50,2655	8
9	81	729	3,0000	2,0801	2,1972	111,111	28,274	63,6173	9
10	1 00	1 000	3,1623	2,1544	2,3026	100,000	31,416	78,5398	10
11	1 21	1 331	3,3166	2,2240	2,3979	90,9091	34,558	95,0332	11
12	1 44	1 728	3,4641	2,2894	2,4849	83,3333	37,699	113,097	12
13	1 69	2 197	3,6056	2,3513	2,5649	76,9231	40,841	132,732	13
14	1 96	2 744	3,7417	2,4101	2,6391	71,4286	43,982	153,938	14
15	2 25	3 375	3,8730	2,4662	2,7081	66,6667	47,124	176,715	15
16	2 56	4 096	4,0000	2,5198	2,7726	62,5000	50,265	201,062	16
17	2 89	4 913	4,1231	2,5713	2,8332	58,8235	53,407	226,980	17
18	3 24	5 832	4,2426	2,6207	2,8904	55,5556	56,549	254,469	18
19	3 61	6 859	4,3589	2,6684	2,9444	52,6316	59,690	283,529	19
20	4 00	8 000	4,4721	2,7144	2,9957	50,0000	62,832	314,159	20
21	4 41	9 261	4,5826	2,7589	3,0445	47,6190	65,973	346,361	21
22	4 84	10 648	4,6904	2,8020	3,0910	45,4545	69,115	380,133	22
23	5 29	12 167	4,7958	2,8439	3,1355	43,4783	72,257	415,476	23
24	5 76	13 824	4,8990	2,8845	3,1781	41,6667	75,398	452,389	24
25	6 25	15 625	5,0000	2,9240	3,2189	40,0000	78,540	490,874	25
26	6 76	17 576	5,0990	2,9625	3,2581	38,4615	81,681	530,929	26
27	7 29	19 683	5,1962	3,0000	3,2958	37,0370	84,823	572,555	27
28	7 84	21 952	5,2915	3,0366	3,3322	35,7143	87,965	615,752	28
29	8 41	24 389	5,3852	3,0723	3,3673	34,4828	91,106	660,520	29
30	9 00	27 000	5,4772	3,1072	3,4012	33,3333	94,248	706,858	30
31	9 61	29 791	5,5678	3,1414	3,4340	32,2581	97,389	754,768	31
32	10 24	32 768	5,6569	3,1748	3,4657	31,2500	100,531	804,248	32
33	10 89	35 937	5,7446	3,2075	3,4965	30,3030	103,673	855,299	33
34	11 56	39 304	5,8310	3,2396	3,5264	29,4118	106,814	907,920	34
35	12 25	42 875	5,9161	3,2711	3,5553	28,5714	109,956	962,113	35
36	12 96	46 656	6,0000	3,3019	3,5835	27,7778	113,097	1017,88	36
37	13 69	50 653	6,0828	3,3322	3,6109	27,0270	116,239	1075,21	37
38	14 44	54 872	6,1644	3,3620	3,6376	26,3158	119,381	1134,11	38
39	15 21	59 319	6,2450	3,3912	3,6636	25,6410	122,522	1194,59	39
40	16 00	64 000	6,3246	3,4200	3,6889	25,0000	125,66	1256,64	40
41	16 81	68 921	6,4031	3,4482	3,7136	24,3902	128,81	1320,25	41
42	17 64	74 088	6,4807	3,4760	3,7377	23,8095	131,95	1385,44	42
43	18 49	79 507	6,5574	3,5034	3,7612	23,2558	135,09	1452,20	43
44	19 36	85 184	6,6332	3,5303	3,7842	22,7273	138,23	1520,53	44
45	20 25	91 125	6,7082	3,5569	3,8067	22,2222	141,37	1590,43	45
46	21 16	97 336	6,7823	3,5830	3,8286	21,7391	144,51	1661,90	46
47	22 09	103 823	6,8557	3,6088	3,8501	21,2766	147,65	1734,94	47
48	23 04	110 592	6,9282	3,6342	3,8712	20,8333	150,80	1809,56	48
49	24 01	117 649	7,0000	3,6593	3,8918	20,4082	153,94	1885,74	49
50	25 00	125 000	7,0711	3,6840	3,9120	20,0000	157,08	1963,50	50

$$\ln 10^{\pm 1} = \pm 2{,}3026, \quad \ln 10^{\pm 2} = \pm 4{,}6052, \quad \ln 10^{\pm 3} = \pm 6{,}9078,$$
$$\ln 10^{\pm 4} = \pm 9{,}2103, \quad \ln 10^{\pm 5} = \pm 11{,}5129, \quad \ln 10^{\pm 6} = \pm 13{,}8155,$$
$$\ln 10^{\pm 7} = \pm 16{,}1181, \quad \ln 10^{\pm 8} = \pm 18{,}4207.$$

n	n^2	n^3	$\sqrt{n}$	$\sqrt[3]{n}$	$\ln n$	$\dfrac{1000}{n}$	πn	$\dfrac{\pi n^2}{4}$	n
50	25 00	125 000	7,0711	3,6840	3,9120	20,0000	157,08	1963,50	50
51	26 01	132 651	7,1414	3,7084	3,9318	19,6078	160,22	2042,82	51
52	27 04	140 608	7,2111	3,7325	3,9512	19,2308	163,36	2123,72	52
53	28 09	148 877	7,2801	3,7563	3,9703	18,8679	166,50	2206,18	53
54	29 16	157 464	7,3485	3,7798	3,9890	18,5185	169,65	2290,22	54
55	30 25	166 375	7,4162	3,8030	4,0073	18,1818	172,79	2375,83	55
56	31 36	175 616	7,4833	3,8259	4,0254	17,8571	175,93	2463,01	56
57	32 49	185 193	7,5498	3,8485	4,0431	17,5439	179,07	2551,76	57
58	33 64	195.112	7,6158	3,8709	4,0604	17,2414	182,21	2642,08	58
59	34 81	205 379	7,6811	3,8930	4,0775	16,9492	185,35	2733,97	59
60	36 00	216 000	7,7460	3,9149	4,0943	16,6667	188,50	2827,43	60
61	37 21	226 981	7,8102	3,9365	4,1109	16,3934	191,64	2922,47	61
62	38 44	238 328	7,8740	3,9579	4,1271	16,1290	194,78	3019,07	62
63	39 69	250 047	7,9373	3,9791	4,1431	15,8730	197,92	3117,25	63
64	40 96	262 144	8,0000	4,0000	4,1589	15,6250	201,06	3216,99	64
65	42 25	274 625	8,0623	4,0207	4,1744	15,3846	204,20	3318,31	65
66	43 56	287 496	8,1240	4,0412	4,1897	15,1515	207,35	3421,19	66
67	44 89	300 763	8,1854	4,0615	4,2047	14,9254	210,49	3525,65	67
68	46 24	314 432	8,2462	4,0817	4,2195	14,7059	213,63	3631,68	68
69	47 61	328 509	8,3066	4,1016	4,2341	14,4928	216,77	3739,28	69
70	49 00	343 000	8,3666	4,1213	4,2485	14,2857	219,91	3848,45	70
71	50 41	357 911	8,4261	4,1408	4,2627	14,0845	223,05	3959,19	71
72	51 84	373 248	8,4853	4,1602	4,2767	13,8889	226,19	4071,50	72
73	53 29	389 017	8,5440	4,1793	4,2905	13,6986	229,34	4185,39	73
74	54 76	405 224	8,6023	4,1983	4,3041	13,5135	232,48	4300,84	74
75	56 25	421 875	8,6603	4,2172	4,3175	13,3333	235,62	4417,86	75
76	57 76	438 976	8,7178	4,2358	4,3307	13,1579	238,76	4536,46	76
77	59 29	456 533	8,7750	4,2543	4,3438	12,9870	241,90	4656,63	77
78	60 84	474 552	8,8318	4,2727	4,3567	12,8205	245,04	4778,36	78
79	62 41	493 039	8,8882	4,2908	4,3694	12,6582	248,19	4901,67	79
80	64 00	512 000	8,9443	4,3089	4,3820	12,5000	251,33	5026,55	80
81	65 61	531 441	9,0000	4,3267	4,3944	12,3457	254,47	5153,00	81
82	67 24	551 368	9,0554	4,3445	4,4067	12,1951	257,61	5281,02	82
83	68 89	571 787	9,1104	4,3621	4,4188	12,0482	260,75	5410,61	83
84	70 56	592 704	9,1652	4,3795	4,4308	11,9048	263,89	5541,77	84
85	72 25	614 125	9,2195	4,3968	4,4427	11,7647	267,04	5674,50	85
86	73 96	636 056	9,2736	4,4140	4,4543	11,6279	270,18	5808,80	86
87	75 69	658·503	9,3274	4,4310	4,4659	11,4943	273,32	5944,68	87
88	77 44	681 472	9,3808	4,4480	4,4773	11,3636	276,46	6082,12	88
89	79 21	704 969	9,4340	4,4647	4,4886	11,2360	279,60	6221,14	89
90	81 00	729 000	9,4868	4,4814	4,4998	11,1111	282,74	6361,73	90
91	82 81	753 571	9,5394	4,4979	4,5109	10,9890	285,88	6503,88	91
92	84 64	778 688	9,5917	4,5144	4,5218	10,8696	289,03	6647,61	92
93	86 49	804 357	9,6437	4,5307	4,5326	10,7527	292,17	6792,91	93
94	88 36	830 584	9,6954	4,5468	4,5433	10,6383	295,31	6939,78	94
95	90 25	857 375	9,7468	4,5629	4,5539	10,5263	298,45	7088,22	95
96	92 16	884 736	9,7980	4,5789	4,5643	10,4167	301,59	7238,23	96
97	94 09	912 673	9,8489	4,5947	4,5747	10,3093	304,73	7389,81	97
98	96 04	941 192	9,8995	4,6104	4,5850	10,2041	307,88	7542,96	98
99	98 01	970 299	9,9499	4,6261	4,5951	10,1010	311,02	7697,69	99
100	1 00 00	1 000 000	10,0000	4,6416	4,6052	10,0000	314,16	7853,98	100

1. Beispiel: $\ln 66\,377 = ?$
$\ln 66\,377 = \ln (663,77 \cdot 100) = \ln 663,77 + \ln 100 = 6,4980 + 4,6052 = 11,1032.$
2. Beispiel: $\ln 0,003\,745 = ?$ $0,003\,745 = 374,5 \cdot 10^{-5}$
$\ln 0,003\,745 = 5,9256 - 11,5129 = -5,5873.$

n	n^2	n^3	$\sqrt{n}$	$\sqrt[3]{n}$	$\ln n$	$\dfrac{1000}{n}$	πn	$\dfrac{\pi n^2}{4}$	n
100	10000	1000000	10,0000	4,6416	4,6052	10,0000	314,16	7853,98	100
101	10201	1030301	10,0499	4,6570	4,6151	9,9010	317,30	8011,85	101
102	10404	1061208	10,0995	4,6723	4,6250	9,8039	320,44	8171,28	102
103	10609	1092727	10,1489	4,6875	4,6347	9,7087	323,58	8332,29	103
104	10816	1124864	10,1980	4,7027	4,6444	9,6154	326,73	8494,87	104
105	11025	1157625	10,2470	4,7177	4,6540	9,5238	329,87	8659,01	105
106	11236	1191016	10,2956	4,7326	4,6634	9,4340	333,01	8824,73	106
107	11449	1225043	10,3441	4,7475	4,6728	9,3458	336,15	8992,02	107
108	11664	1259712	10,3923	4,7622	4,6821	9,2593	339,29	9160,88	108
109	11881	1295029	10,4403	4,7769	4,6913	9,1743	342,43	9331,32	109
110	12100	1331000	10,4881	4,7914	4,7005	9,0909	345,58	9503,32	110
111	12321	1367631	10,5357	4,8059	4,7095	9,0090	348,72	9676,89	111
112	12544	1404928	10,5830	4,8203	4,7185	8,9286	351,86	9852,03	112
113	12769	1442897	10,6301	4,8346	4,7274	8,8496	355,00	10028,7	113
114	12996	1481544	10,6771	4,8488	4,7362	8,7719	358,14	10207,0	114
115	13225	1520875	10,7238	4,8629	4,7449	8,6957	361,28	10386,9	115
116	13456	1560896	10,7703	4,8770	4,7536	8,6207	364,42	10568,3	116
117	13689	1601613	10,8167	4,8910	4,7622	8,5470	367,57	10751,3	117
118	13924	1643032	10,8628	4,9049	4,7707	8,4746	370,71	10935,9	118
119	14161	1685159	10,9087	4,9187	4,7791	8,4034	373,85	11122,0	119
120	14400	1728000	10,9545	4,9324	4,7875	8,3333	376,99	11309,7	120
121	14641	1771561	11,0000	4,9461	4,7985	8,2645	380,13	11499,0	121
122	14884	1815848	11,0454	4,9597	4,8040	8,1967	383,27	11689,9	122
123	15129	1860867	11,0905	4,9732	4,8122	8,1301	386,42	11882,3	123
124	15376	1906624	11,1355	4,9866	4,8203	8,0645	389,56	12076,3	124
125	15625	1953125	11,1803	5,0000	4,8283	8,0000	392,70	12271,8	125
126	15876	2000376	11,2250	5,0133	4,8363	7,9365	395,84	12469,0	126
127	16129	2048383	11,2694	5,0265	4,8442	7,8740	398,98	12667,7	127
128	16384	2097152	11,3137	5,0397	4,8520	7,8125	402,12	12868,0	128
129	16641	2146689	11,3578	5,0528	4,8598	7,7519	405,27	13069,8	129
130	16900	2197000	11,4018	5,0658	4,8675	7,6923	408,41	13273,2	130
131	17161	2248091	11,4455	5,0788	4,8752	7,6336	411,55	13478,2	131
132	17424	2299968	11,4891	5,0916	4,8828	7,5758	414,69	13684,8	132
133	17689	2352637	11,5326	5,1045	4,8903	7,5188	417,83	13892,9	133
134	17956	2406104	11,5758	5,1172	4,8978	7,4627	420,97	14102,6	134
135	18225	2460375	11,6190	5,1299	4,9053	7,4074	424,12	14313,9	135
136	18496	2515456	11,6619	5,1426	4,9127	7,3529	427,26	14526,7	136
137	18769	2571353	11,7047	5,1551	4,9200	7,2993	430,40	14741,1	137
138	19044	2628072	11,7473	5,1676	4,9273	7,2464	433,54	14957,1	138
139	19321	2685619	11,7898	5,1801	4,9345	7,1942	436,68	15174,7	139
140	19600	2744000	11,8322	5,1925	4,9416	7,1429	439,82	15393,8	140
141	19881	2803221	11,8743	5,2048	4,9488	7,0922	442,96	15614,5	141
142	20164	2863288	11,9164	5,2171	4,9558	7,0423	446,11	15836,8	142
143	20449	2924207	11,9583	5,2293	4,9628	6,9930	449,25	16060,6	143
144	20736	2985984	12,0000	5,2415	4,9698	6,9444	452,39	16286,0	144
145	21025	3048625	12,0416	5,2536	4,9767	6,8966	455,53	16513,0	145
146	21316	3112136	12,0830	5,2656	4,9836	6,8493	458,67	16741,5	146
147	21609	3176523	12,1244	5,2776	4,9904	6,8027	461,81	16971,7	147
148	21904	3241792	12,1655	5,2896	4,9972	6,7568	464,96	17203,4	148
149	22201	3307949	12,2066	5,3015	5,0039	6,7114	468,10	17436,6	149
150	22500	3375000	12,2474	5,3133	5,0106	6,6667	471,24	17671,5	150

$$\ln x = \ln 10 \, \lg x = 2{,}3026 \lg x,$$
$$\lg x = \frac{1}{\ln 10} \ln x = 0{,}4343 \ln x.$$

n	n^2	n^3	$\sqrt{n}$	$\sqrt[3]{n}$	$\ln n$	$\dfrac{1000}{n}$	πn	$\dfrac{\pi n^2}{4}$	n
150	22500	3375000	12,2474	5,3133	5,0106	6,6667	471,24	17671,5	**150**
151	22801	3442951	12,2882	5,3251	5,0173	6,6225	474,38	17907,9	151
152	23104	3511808	12,3288	5,3368	5,0239	6,5790	477,52	18145,8	152
153	23409	3581577	12,3693	5,3485	5,0304	6,5360	480,66	18385,4	153
154	23716	3652264	12,4097	5,3601	5,0370	6,4935	483,81	18626,5	154
155	24025	3723875	12,4499	5,3717	5,0434	6,4516	486,95	18869,2	155
156	24336	3796416	12,4900	5,3832	5,0499	6,4103	490,09	19113,4	156
157	24649	3869893	12,5300	5,3947	5,0562	6,3694	493,23	19359,3	157
158	24964	3944312	12,5698	5,4061	5,0626	6,3291	496,37	19606,7	158
159	25281	4019679	12,6095	5,4175	5,0689	6,2893	499,51	19855,7	159
160	25600	4096000	12,6491	5,4288	5,0752	6,2500	502,65	20106,2	**160**
161	25921	4173281	12,6886	5,4401	5,0814	6,2112	505,80	20358,3	161
162	26244	4251528	12,7279	5,4514	5,0876	6,1728	508,94	20612,0	162
163	26569	4330747	12,7671	5,4626	5,0938	6,1350	512,08	20867,2	163
164	26896	4410944	12,8062	5,4737	5,0999	6,0976	515,22	21124,1	164
165	27225	4492125	12,8452	5,4848	5,1059	6,0606	518,36	21382,5	165
166	27556	4574296	12,8841	5,4959	5,1120	6,0241	521,50	21642,4	166
167	27889	4657463	12,9228	5,5069	5,1180	5,9880	524,65	21904,0	167
168	28224	4741632	12,9615	5,5178	5,1240	5,9524	527,79	22167,1	168
169	28561	4826809	13,0000	5,5288	5,1299	5,9172	530,93	22431,8	169
170	28900	4913000	13,0384	5,5397	5,1358	5,8824	534,07	22698,0	**170**
171	29241	5000211	13,0767	5,5505	5,1417	5,8480	537,21	22965,8	171
172	29584	5088448	13,1149	5,5613	5,1475	5,8140	540,35	23235,2	172
173	29929	5177717	13,1529	5,5721	5,1533	5,7804	543,50	23506,2	173
174	30276	5268024	13,1909	5,5828	5,1591	5,7471	546,64	23778,7	174
175	30625	5359375	13,2288	5,5934	5,1648	5,7143	549,78	24052,8	175
176	30976	5451776	13,2665	5,6041	5,1705	5,6818	552,92	24328,5	176
177	31329	5545233	13,3041	5,6147	5,1761	5,6497	556,06	24605,7	177
178	31684	5639752	13,3417	5,6252	5,1818	5,6180	559,20	24884,6	178
179	32041	5735339	13,3791	5,6357	5,1874	5,5866	562,35	25164,9	179
180	32400	5832000	13,4164	5,6462	5,1930	5,5556	565,49	25446,9	**180**
181	32761	5929741	13,4536	5,6567	5,1985	5,5249	568,63	25730,4	181
182	33124	6028568	13,4907	5,6671	5,2040	5,4945	571,77	26015,5	182
183	33489	6128487	13,5277	5,6774	5,2095	5,4645	574,91	26302,2	183
184	33856	6229504	13,5647	5,6877	5,2149	5,4348	578,05	26590,4	184
185	34225	6331625	13,6015	5,6980	5,2204	5,4054	581,19	26880,3	185
186	34596	6434856	13,6382	5,7083	5,2257	5,3763	584,34	27171,6	186
187	34969	6539203	13,6748	5,7185	5,2311	5,3476	587,48	27464,6	187
188	35344	6644672	13,7113	5,7287	5,2364	5,3192	590,62	27759,1	188
189	35721	6751269	13,7477	5,7388	5,2417	5,2910	593,76	28055,2	189
190	36100	6859000	13,7840	5,7489	5,2470	5,2632	596,90	28352,9	**190**
191	36481	6967871	13,8203	5,7590	5,2523	5,2356	600,04	28652,1	191
192	36864	7077888	13,8564	5,7690	5,2575	5,2083	603,19	28952,9	192
193	37249	7189057	13,8924	5,7790	5,2627	5,1814	606,33	29255,3	193
194	37636	7301384	13,9284	5,7890	5,2679	5,1546	609,47	29559,2	194
195	38025	7414875	13,9642	5,7989	5,2730	5,1282	612,61	29864,8	195
196	38416	7529536	14,0000	5,8088	5,2781	5,1020	615,75	30171,9	196
197	38809	7645373	14,0357	5,8186	5,2832	5,0761	618,89	30480,5	197
198	39204	7762392	14,0712	5,8285	5,2883	5,0505	622,04	30790,7	198
199	39601	7880599	14,1067	5,8383	5,2933	5,0251	625,18	31102,6	199
200	40000	8000000	14,1421	5,8480	5,2983	5,0000	628,32	31415,9	**200**

n	n^2	n^3	$\sqrt{n}$	$\sqrt[3]{n}$	$\ln n$	$\dfrac{1000}{n}$	πn	$\dfrac{\pi n^2}{4}$	n
200	40000	8000000	14,1421	5,8480	5,2983	5,0000	628,32	31415,9	**200**
201	40401	8120601	14,1774	5,8578	5,3033	4,9751	631,46	31730,9	201
202	40804	8242408	14,2127	5,8675	5,3083	4,9505	634,60	32047,4	202
203	41209	8365427	14,2478	5,8771	5,3132	4,9261	637,74	32365,5	203
204	41616	8489664	14,2829	5,8868	5,3181	4,9020	640,88	32685,1	204
205	42025	8615125	14,3178	5,8964	5,3230	4,8781	644,03	33006,4	205
206	42436	8741816	14,3527	5,9059	5,3279	4,8544	647,17	33329,2	206
207	42849	8869743	14,3875	5,9155	5,3327	4,8309	650,31	33653,5	207
208	43264	8998912	14,4222	5,9250	5,3375	4,8077	653,45	33979,5	208
209	43681	9129329	14,4568	5,9345	5,3423	4,7847	656,59	34307,0	209
210	44100	9261000	14,4914	5,9439	5,3471	4,7619	659,73	34636,1	**210**
211	44521	9393931	14,5258	5,9533	5,3519	4,7393	662,88	34966,7	211
212	44944	9528128	14,5602	5,9627	5,3566	4,7170	666,02	35298,9	212
213	45369	9663597	14,5945	5,9721	5,3613	4,6948	669,16	35632,7	213
214	45796	9800344	14,6287	5,9814	5,3660	4,6729	672,30	35968,1	214
215	46225	9938375	14,6629	5,9907	5,3706	4,6512	675,44	36305,0	215
216	46656	10077696	14,6969	6,0000	5,3753.	4,6296	678,58	36643,5	216
217	47089	10218313	14,7309	6,0092	5,3799	4,6083	681,73	36983,6	217
218	47524	10360232	14,7648	6,0185	5,3845	4,5872	684,87	37325,3	218
219	47961	10503459	14,7986	6,0277	5,3891	4,5662	688,01	37668,5	219
220	48400	10648000	14,8324	6,0368	5,3936	4,5455	691,15	38013,3	**220**
221	48841	10793861	14,8661	6,0459	5,3982	4,5249	694,29	38359,6	221
222	49284	10941048	14,8997	6,0550	5,4027	4,5045	697,43	38707,6	222
223	49729	11089567	14,9332	6,0641	5,4072	4,4843	700,58	39057,1	223
224	50176	11239424	14,9666	6,0732	5,4116	4,4643	703,72	39408,1	224
225	50625	11390625	15,0000	6,0822	5,4161	4,4444	706,86	39760,8	225
226	51076	11543176	15,0333	6,0912	5,4205	4,4248	710,00	40115,0	226
227	51529	11697083	15,0665	6,1002	5,4250	4,4053	713,14	40470,8	227
228	51984	11852352	15,0997	6,1091	5,4293	4,3860	716,28	40828,1	228
229	52441	12008989	15,1327	6,1180	5,4337	4,3668	719,42	41187,1	229
230	52900	12167000	15,1658	6,1269	5,4381	4,3478	722,57	41547,6	**230**
231	53361	12326391	15,1987	6,1358	5,4424	4,3290	725,71	41909,6	231
232	53824	12487168	15,2315	6,1446	5,4467	4,3103	728,85	42273,3	232
233	54289	12649337	15,2643	6,1534	5,4510	4,2919	731,99	42638,5	233
234	54756	12812904	15,2971	6,1622	5,4553	4,2735	735,13	43005,3	234
235	55225	12977875	15,3297	6,1710	5,4596	4,2553	738,27	43373,6	235
236	55696	13144256	15,3623	6,1797	5,4638	4,2373	741,42	43743,5	236
237	56169	13312053	15,3948	6,1885	5,4681	4,2194	744,56	44115,0	237
238	56644	13481272	15,4272	6,1972	5,4723	4,2017	747,70	44488,1	238
239	57121	13651919	15,4596	6,2058	5,4765	4,1841	750,84	44862,7	239
240	57600	13824000	15,4919	6,2145	5,4806	4,1667	753,98	45238,9	**240**
241	58081	13997521	15,5242	6,2231	5,4848	4,1494	757,12	45616,7	241
242	58564	14172488	15,5563	6,2317	5,4889	4,1322	760,27	45996,1	242
243	59049	14348907	15,5885	6,2403	5,4931	4,1152	763,41	46377,0	243
244	59536	14526784	15,6205	6,2488	5,4972	4,0984	766,55	46759,5	244
245	60025	14706125	15,6525	6,2573	5,5013	4,0816	769,69	47143,5	245
246	60516	14886936	15,6844	6,2658	5,5053	4,0650	772,83	47529,2	246
247	61009	15069223	15,7162	6,2743	5,5094	4,0486	775,97	47916,4	247
248	61504	15252992	15,7480	6,2828	5,5134	4,0323	779,11	48305,1	248
249	62001	15438249	15,7797	6,2912	5,5175	4,0161	782,26	48695,5	249
250	62500	15625000	15,8114	6,2996	5,5215	4,0000	785,40	49087,4	**250**

n	n^2	n^3	$\sqrt{n}$	$\sqrt[3]{n}$	$\ln n$	$\dfrac{1000}{n}$	πn	$\dfrac{\pi n^2}{4}$	n
250	62500	15625000	15,8114	6,2996	5,5215	4,0000	785,40	49087,4	**250**
251	63001	15813251	15,8430	6,3080	5,5255	3,9841	788,54	49480,9	251
252	63504	16003008	15,8745	6,3164	5,5294	3,9683	791,68	49875,9	252
253	64009	16194277	15,9060	6,3247	5,5334	3,9526	794,82	50272,6	253
254	64516	16387064	15,9374	6,3330	5,5373	3,9370	797,96	50670,7	254
255	65025	16581375	15,9687	6,3413	5,5413	3,9216	801,11	51070,5	255
256	65536	16777216	16,0000	6,3496	5,5452	3,9063	804,25	51471,9	256
257	66049	16974593	16,0312	6,3579	5,5491	3,8911	807,39	51874,8	257
258	66564	17173512	16,0624	6,3661	5,5530	3,8760	810,53	52279,2	258
259	67081	17373979	16,0935	6,3743	5,5568	3,8610	813,67	52685,3	259
260	67600	17576000	16,1245	6,3825	5,5607	3,8462	816,81	53092,9	**260**
261	68121	17779581	16,1555	6,3907	5,5645	3,8314	819,96	53502,1	261
262	68644	17984728	16,1864	6,3988	5,5683	3,8168	823,10	53912,9	262
263	69169	18191447	16,2173	6,4070	5,5722	3,8023	826,24	54325,2	263
264	69696	18399744	16,2481	6,4151	5,5759	3,7879	829,38	54739,1	264
265	70225	18609625	16,2788	6,4232	5,5797	3,7736	832,52	55154,6	265
266	70756	18821096	16,3095	6,4312	5,5835	3,7594	835,66	55571,6	266
267	71289	19034163	16,3401	6,4393	5,5872	3,7453	838,81	55990,2	267
268	71824	19248832	16,3707	6,4473	5,5910	3,7313	841,95	56410,4	268
269	72361	19465109	16,4012	6,4553	5,5947	3,7175	845,09	56832,2	269
270	72900	19683000	16,4317	6,4633	5,5984	3,7037	848,23	57255,5	**270**
271	73441	19902511	16,4621	6,4713	5,6021	3,6900	851,37	57680,4	271
272	73984	20123648	16,4924	6,4792	5,6058	3,6765	854,51	58106,9	272
273	74529	20346417	16,5227	6,4872	5,6095	3,6630	857,65	58534,9	273
274	75076	20570824	16,5529	6,4951	5,6131	3,6496	860,80	58964,6	274
275	75625	20796875	16,5831	6,5030	5,6168	3,6364	863,94	59395,7	275
276	76176	21024576	16,6132	6,5108	5,6204	3,6232	867,08	59828,5	276
277	76729	21253933	16,6433	6,5187	5,6240	3,6101	870,22	60262,8	277
278	77284	21484952	16,6733	6,5265	5,6276	3,5971	873,36	60698,7	278
279	77841	21717639	16,7033	6,5343	5,6312	3,5842	876,50	61136,2	279
280	78400	21952000	16,7332	6,5421	5,6348	3,5714	879,65	61575,2	**280**
281	78961	22188041	16,7631	6,5499	5,6384	3,5587	882,79	62015,8	281
282	79524	22425768	16,7929	6,5577	5,6419	3,5461	885,93	62458,0	282
283	80089	22665187	16,8226	6,5654	5,6454	3,5336	889,07	62901,8	283
284	80656	22906304	16,8523	6,5731	5,6490	3,5211	892,21	63347,1	284
285	81225	23149125	16,8819	6,5808	5,6525	3,5088	895,35	63794,0	285
286	81796	23393656	16,9115	6,5885	5,6560	3,4965	898,50	64242,4	286
287	82369	23639903	16,9411	6,5962	5,6595	3,4843	901,64	64692,5	287
288	82944	23887872	16,9706	6,6039	5,6630	3,4722	904,78	65144,1	288
289	83521	24137569	17,0000	6,6115	5,6664	3,4602	907,92	65597,2	289
290	84100	24389000	17,0294	6,6191	5,6699	3,4483	911,06	66052,0	**290**
291	84681	24642171	17,0587	6,6267	5,6733	3,4364	914,20	66508,3	291
292	85264	24897088	17,0880	6,6343	5,6768	3,4247	917,35	66966,2	292
293	85849	25153757	17,1172	6,6419	5,6802	3,4130	920,49	67425,6	293
294	86436	25412184	17,1464	6,6494	5,6836	3,4014	923,63	67886,7	294
295	87025	25672375	17,1756	6,6569	5,6870	3,3898	926,77	68349,3	295
296	87616	25934336	17,2047	6,6644	5,6904	3,3784	929,91	68813,4	296
297	88209	26198073	17,2337	6,6719	5,6937	3,3670	933,05	69279,2	297
298	88804	26463592	17,2627	6,6794	5,6971	3,3557	936,19	69746,5	298
299	89401	26730899	17,2916	6,6869	5,7004	3,3445	939,34	70215,4	299
300	90000	27000000	17,3205	6,6943	5,7038	3,3333	942,48	70685,8	**300**

n	n^2	n^3	$\sqrt{n}$	$\sqrt[3]{n}$	$\ln n$	$\dfrac{1000}{n}$	$\pi\,n$	$\dfrac{\pi\,n^2}{4}$	n
300	90000	27000000	17,3205	6,6943	5,7038	3,3333	942,48	70685,8	**300**
301	90601	27270901	17,3494	6,7018	5,7071	3,3223	945,02	71157,9	301
302	91204	27543608	17,3781	6,7092	5,7104	3,3113	948,76	71631,5	302
303	91809	27818127	17,4069	6,7166	5,7137	3,3003	951,90	72106,6	303
304	92416	28094464	17,4356	6,7240	5,7170	3,2895	955,04	72583,4	304
305	93025	28372625	17,4642	6,7313	5,7203	3,2787	958,19	73061,7	305
306	93636	28652616	17,4929	6,7387	5,7236	3,2680	961,33	73541,5	306
307	94249	28934443	17,5214	6,7460	5,7268	3,2573	964,47	74023,0	307
308	94864	29218112	17,5499	6,7533	5,7301	3,2468	967,61	74506,0	308
309	95481	29503629	17,5784	6,7606	5,7333	3,2363	970,75	74990,6	309
310	96100	29791000	17,6068	6,7679	5,7366	3,2258	973,89	75476,8	**310**
311	96721	30080231	17,6352	6,7752	5,7398	3,2154	977,04	75964,5	311
312	97344	30371328	17,6635	6,7824	5,7430	3,2051	980,18	76453,8	312
313	97969	30664297	17,6918	6,7897	5,7462	3,1949	983,32	76944,7	313
314	98596	30959144	17,7200	6,7969	5,7494	3,1847	986,46	77437,1	314
315	99225	31255875	17,7482	6,8041	5,7526	3,1746	989,60	77931,1	315
316	99856	31554496	17,7764	6,8113	5,7557	3,1646	992,74	78426,7	316
317	100489	31855013	17,8045	6,8185	5,7589	3,1546	995,88	78923,9	317
318	101124	32157432	17,8326	6,8256	5,7621	3,1447	999,03	79422,6	318
319	101761	32461759	17,8606	6,8328	5,7652	3,1348	1002,2	79922,9	319
320	102400	32768000	17,8885	6,8399	5,7683	3,1250	1005,3	80424,8	**320**
321	103041	33076161	17,9165	6,8470	5,7714	3,1153	1008,5	80928,2	321
322	103684	33386248	17,9444	6,8541	5,7746	3,1056	1011,6	81433,2	322
323	104329	33698267	17,9722	6,8612	5,7777	3,0960	1014,7	81939,8	323
324	104976	34012224	18,0000	6,8683	5,7807	3,0864	1017,9	82448,0	324
325	105625	34328125	18,0278	6,8753	5,7838	3,0769	1021,0	82957,7	325
326	106276	34645976	18,0555	6,8824	5,7869	3,0675	1024,2	83469,0	326
327	106929	34965783	18,0831	6,8894	5,7900	3,0581	1027,3	83981,8	327
328	107584	35287552	18,1108	6,8964	5,7930	3,0488	1030,4	84496,3	328
329	108241	35611289	18,1384	6,9034	5,7961	3,0395	1033,6	85012,3	329
330	108900	35937000	18,1659	6,9104	5,7991	3,0303	1036,7	85529,9	**330**
331	109561	36264691	18,1934	6,9174	5,8021	3,0212	1039,9	86049,0	331
332	110224	36594368	18,2209	6,9244	5,8051	3,0121	1043,0	86569,7	332
333	110889	36926037	18,2483	6,9313	5,8081	3,0030	1046,2	87092,0	333
334	111556	37259704	18,2757	6,9382	5,8111	2,9940	1049,3	87615,9	334
335	112225	37595375	18,3030	6,9451	5,8141	2,9851	1052,4	88141,3	335
336	112896	37933056	18,3303	6,9521	5,8171	2,9762	1055,6	88668,3	336
337	113569	38272753	18,3576	6,9589	5,8201	2,9674	1058,7	89196,9	337
338	114244	38614472	18,3848	6,9658	5,8230	2,9586	1061,9	89727,0	338
339	114921	38958219	18,4120	6,9727	5,8260	2,9499	1065,0	90258,7	339
340	115600	39304000	18,4391	6,9795	5,8289	2,9412	1068,1	90792,0	**340**
341	116281	39651821	18,4662	6,9864	5,8319	2,9326	1071,3	91326,9	341
342	116964	40001688	18,4932	6,9932	5,8348	2,9240	1074,4	91863,3	342
343	117649	40353607	18,5203	7,0000	5,8377	2,9155	1077,6	92401,3	343
344	118336	40707584	18,5472	7,0068	5,8406	2,9070	1080,7	92940,9	344
345	119025	41063625	18,5742	7,0136	5,8435	2,8986	1083,8	93482,0	345
346	119716	41421736	18,6011	7,0203	5,8464	2,8902	1087,0	94024,7	346
347	120409	41781923	18,6279	7,0271	5,8493	2,8818	1090,1	94569,0	347
348	121104	42144192	18,6548	7,0338	5,8522	2,8736	1093,3	95114,9	348
349	121801	42508549	18,6815	7,0406	5,8551	2,8653	1096,4	95662,3	349
350	122500	42875000	18,7083	7,0473	5,8579	2,8571	1099,6	96211,3	**350**

n	n^2	n^3	$\sqrt{n}$	$\sqrt[3]{n}$	$\ln n$	$\dfrac{1000}{n}$	πn	$\dfrac{\pi n^2}{4}$	n
350	122500	42875000	18,7083	7,0473	5,8579	2,8571	1099,6	96211,3	350
351	123201	43243551	18,7350	7,0540	5,8608	2,8490	1102,7	96761,8	351
352	123904	43614208	18,7617	7,0607	5,8636	2,8409	1105,8	97314,0	352
353	124609	43986977	18,7883	7,0674	5,8665	2,8329	1109,0	97867,7	353
354	125316	44361864	18,8149	7,0740	5,8693	2,8249	1112,1	98423,0	354
355	126025	44738875	18,8414	7,0807	5,8721	2,8169	1115,3	98979,8	355
356	126736	45118016	18,8680	7,0873	5,8749	2,8090	1118,4	99538,2	356
357	127449	45499293	18,8944	7,0940	5,8777	2,8011	1121,5	100098	357
358	128164	45882712	18,9209	7,1006	5,8805	2,7932	1124,7	100660	358
359	128881	46268279	18,9473	7,1072	5,8833	2,7855	1127,8	101223	359
360	129600	46656000	18,9737	7,1138	5,8861	2,7778	1131,0	101788	360
361	130321	47045881	19,0000	7,1204	5,8889	2,7701	1134,1	102354	361
362	131044	47437928	19,0263	7,1269	5,8916	2,7624	1137,3	102922	362
363	131769	47832147	19,0526	7,1335	5,8944	2,7548	1140,4	103491	363
364	132496	48228544	19,0788	7,1400	5,8972	2,7473	1143,5	104062	364
365	133225	48627125	19,1050	7,1466	5,8999	2,7397	1146,7	104635	365
366	133956	49027896	19,1311	7,1531	5,9026	2,7322	1149,8	105209	366
367	134689	49430863	19,1572	7,1596	5,9054	2,7248	1153,0	105785	367
368	135424	49836032	19,1833	7,1661	5,9081	2,7174	1156,1	106362	368
369	136161	50243409	19,2094	7,1726	5,9108	2,7100	1159,2	106941	369
370	136900	50653000	19,2354	7,1791	5,9135	2,7027	1162,4	107521	370
371	137641	51064811	19,2614	7,1855	5,9162	2,6954	1165,5	108103	371
372	138384	51478848	19,2873	7,1920	5,9189	2,6882	1168,7	108687	372
373	139129	51895117	19,3132	7,1984	5,9216	2,6810	1171,8	109272	373
374	139876	52313624	19,3391	7,2048	5,9243	2,6738	1175,0	109858	374
375	140625	52734375	19,3649	7,2112	5,9269	2,6667	1178,1	110447	375
376	141376	53157376	19,3907	7,2177	5,9296	2,6596	1181,2	111036	376
377	142129	53582633	19,4165	7,2240	5,9322	2,6525	1184,4	111628	377
378	142884	54010152	19,4422	7,2304	5,9349	2,6455	1187,5	112221	378
379	143641	54439939	19,4679	7,2368	5,9375	2,6385	1190,7	112815	379
380	144400	54872000	19,4936	7,2432	5,9402	2,6316	1193,8	113411	380
381	145161	55306341	19,5192	7,2495	5,9428	2,6247	1196,9	114009	381
382	145924	55742968	19,5448	7,2558	5,9454	2,6178	1200,1	114608	382
383	146689	56181887	19,5704	7,2622	5,9480	2,6110	1203,2	115209	383
384	147456	56623104	19,5959	7,2685	5,9506	2,6042	1206,4	115812	384
385	148225	57066625	19,6214	7,2748	5,9532	2,5974	1209,5	116416	385
386	148996	57512456	19,6469	7,2811	5,9558	2,5907	1212,7	117021	386
387	149769	57960603	19,6723	7,2874	5,9584	2,5840	1215,8	117628	387
388	150544	58411072	19,6977	7,2936	5,9610	2,5773	1218,9	118237	388
389	151321	58863869	19,7231	7,2999	5,9636	2,5707	1222,1	118847	389
390	152100	59319000	19,7484	7,3061	5,9661	2,5641	1225,2	119459	390
391	152881	59776471	19,7737	7,3124	5,9687	2,5575	1228,4	120072	391
392	153664	60236288	19,7990	7,3186	5,9713	2,5510	1231,5	120687	392
393	154449	60698457	19,8242	7,3248	5,9738	2,5445	1234,6	121304	393
394	155236	61162984	19,8494	7,3310	5,9764	2,5381	1237,8	121922	394
395	156025	61629875	19,8746	7,3372	5,9789	2,5317	1240,9	122542	395
396	156816	62099136	19,8997	7,3434	5,9814	2,5253	1244,1	123163	396
397	157609	62570773	19,9249	7,3496	5,9839	2,5189	1247,2	123786	397
398	158404	63044792	19,9499	7,3558	5,9865	2,5126	1250,4	124410	398
399	159201	63521199	19,9750	7,3619	5,9890	2,5063	1253,5	125036	399
400	160000	64000000	20,0000	7,3681	5,9915	2,5000	1256,6	125664	400

n	n^2	n^3	$\sqrt{n}$	$\sqrt[3]{n}$	$\ln n$	$\dfrac{1000}{n}$	πn	$\dfrac{\pi n^2}{4}$	n
400	160000	64000000	20,0000	7,3681	5,9915	2,5000	1256,6	125664	**400**
401	160801	64481201	20,0250	7,3742	5,9940	2,4938	1259,8	126293	401
402	161604	64964808	20,0499	7,3803	5,9965	2,4876	1262,9	126923	402
403	162409	65450827	20,0749	7,3864	5,9989	2,4814	1266,1	127556	403
404	163216	65939264	20,0998	7,3925	6,0014	2,4753	1269,2	128190	404
405	164025	66430125	20,1246	7,3986	6,0039	2,4691	1272,3	128825	405
406	164836	66923416	20,1494	7,4047	6,0064	2,4631	1275,5	129462	406
407	165649	67419143	20,1742	7,4108	6,0088	2,4570	1278,6	130100	407
408	166464	67917312	20,1990	7,4169	6,0113	2,4510	1281,8	130741	408
409	167281	68417929	20,2237	7,4229	6,0137	2,4450	1284,9	131382	409
410	168100	68921000	20,2485	7,4290	6,0162	2,4390	1288,1	132025	**410**
411	168921	69426531	20,2731	7,4350	6,0186	2,4331	1291,2	132670	411
412	169744	69934528	20,2978	7,4410	6,0210	2,4272	1294,3	133317	412
413	170569	70444997	20,3224	7,4470	6,0234	2,4213	1297,5	133965	413
414	171396	70957944	20,3470	7,4530	6,0259	2,4155	1300,6	134614	414
415	172225	71473375	20,3715	7,4590	6,0283	2,4096	1303,8	135265	415
416	173056	71991296	20,3961	7,4650	6,0307	2,4039	1306,9	135918	416
417	173889	72511713	20,4206	7,4710	6,0331	2,3981	1310,0	136572	417
418	174724	73034632	20,4450	7,4770	6,0355	2,3923	1313,2	137228	418
419	175561	73560059	20,4695	7,4829	6,0379	2,3866	1316,3	137885	419
420	176400	74088000	20,4939	7,4889	6,0403	2,3810	1319,5	138544	**420**
421	177241	74618461	20,5183	7,4948	6,0426	2,3753	1322,6	139205	421
422	178084	75151448	20,5426	7,5007	6,0450	2,3697	1325,8	139867	422
423	178929	75686967	20,5670	7,5067	6,0474	2,3641	1328,9	140531	423
424	179776	76225024	20,5913	7,5126	6,0497	2,3585	1332,0	141196	424
425	180625	76765625	20,6155	7,5185	6,0521	2,3529	1335,2	141863	425
426	181476	77308776	20,6398	7,5244	6,0544	2,3474	1338,3	142531	426
427	182329	77854483	20,6640	7,5302	6,0568	2,3419	1341,5	143201	427
428	183184	78402752	20,6882	7,5361	6,0591	2,3365	1344,6	143872	428
429	184041	78953589	20,7123	7,5420	6,0615	2,3310	1347,7	144545	429
430	184900	79507000	20,7364	7,5478	6,0638	2,3256	1350,9	145220	**430**
431	185761	80062991	20,7605	7,5537	6,0661	2,3202	1354,0	145896	431
432	186624	80621568	20,7846	7,5595	6,0684	2,3148	1357,2	146574	432
433	187489	81182737	20,8087	7,5654	6,0707	2,3095	1360,3	147254	433
434	188356	81746504	20,8327	7,5712	6,0730	2,3042	1363,5	147934	434
435	189225	82312875	20,8567	7,5770	6,0753	2,2989	1366,6	148617	435
436	190096	82881856	20,8806	7,5828	6,0776	2,2936	1369,7	149301	436
437	190969	83453453	20,9045	7,5886	6,0799	2,2883	1372,9	149987	437
438	191844	84027672	20,9284	7,5944	6,0822	2,2831	1376,0	150674	438
439	192721	84604519	20,9523	7,6001	6,0845	2,2779	1379,2	151363	439
440	193600	85184000	20,9762	7,6059	6,0868	2,2727	1382,3	152053	**440**
441	194481	85766121	21,0000	7,6117	6,0890	2,2676	1385,4	152745	441
442	195364	86350888	21,0238	7,6174	6,0913	2,2624	1388,6	153439	442
443	196249	86938307	21,0476	7,6232	6,0936	2,2573	1391,7	154134	443
444	197136	87528384	21,0713	7,6289	6,0958	2,2523	1394,9	154830	444
445	198025	88121125	21,0950	7,6346	6,0981	2,2472	1398,0	155528	445
446	198916	88716536	21,1187	7,6403	6,1003	2,2422	1401,2	156228	446
447	199809	89314623	21,1424	7,6460	6,1026	2,2371	1404,3	156930	447
448	200704	89915392	21,1660	7,6517	6,1048	2,2321	1407,4	157633	448
449	201601	90518849	21,1896	7,6574	6,1070	2,2272	1410,6	158337	449
450	202500	91125000	21,2132	7,6631	6,1092	2,2222	1413,7	159043	**450**

n	n^2	n^3	$\sqrt{n}$	$\sqrt[3]{n}$	$\ln n$	$\dfrac{1000}{n}$	πn	$\dfrac{\pi \cdot n^2}{4}$	n
450	202500	91125000	21,2132	7,6631	6,1092	2,2222	1413,7	159043	450
451	203401	91733851	21,2368	7,6688	6,1115	2,2173	1416,9	159751	451
452	204304	92345408	21,2603	7,6744	6,1137	2,2124	1420,0	160460	452
453	205209	92959677	21,2838	7,6801	6,1159	2,2075	1423,1	161171	453
454	206116	93576664	21,3073	7,6857	6,1181	2,2026	1426,3	161883	454
455	207025	94196375	21,3307	7,6914	6,1203	2,1978	1429,4	162597	455
456	207936	94818816	21,3542	7,6970	6,1225	2,1930	1432,6	163313	456
457	208849	95443993	21,3776	7,7026	6,1247	2,1882	1435,7	164030	457
458	209764	96071912	21,4009	7,7082	6,1269	2,1834	1438,8	164748	458
459	210681	96702579	21,4243	7,7138	6,1291	2,1787	1442,0	165468	459
460	211600	97336000	21,4476	7,7194	6,1312	2,1739	1445,1	166190	460
461	212521	97972181	21,4709	7,7250	6,1334	2,1692	1448,3	166914	461
462	213444	98611128	21,4942	7,7306	6,1356	2,1645	1451,4	167639	462
463	214369	99252847	21,5174	7,7362	6,1377	2,1598	1454,6	168365	463
464	215296	99897344	21,5407	7,7418	6,1399	2,1552	1457,7	169093	464
465	216225	100544625	21,5639	7,7473	6,1420	2,1505	1460,8	169823	465
466	217156	101194696	21,5870	7,7529	6,1442	2,1459	1464,0	170554	466
467	218089	101847563	21,6102	7,7584	6,1463	2,1413	1467,1	171287	467
468	219024	102503232	21,6333	7,7639	6,1485	2,1368	1470,3	172021	468
469	219961	103161709	21,6564	7,7695	6,1506	2,1322	1473,4	172757	469
470	220900	103823000	21,6795	7,7750	6,1527	2,1277	1476,5	173494	470
471	221841	104487111	21,7025	7,7805	6,1549	2,1231	1479,7	174234	471
472	222784	105154048	21,7256	7,7860	6,1570	2,1186	1482,8	174974	472
473	223729	105823817	21,7486	7,7915	6,1591	2,1142	1486,0	175716	473
474	224676	106496424	21,7715	7,7970	6,1612	2,1097	1489,1	176460	474
475	225625	107171875	21,7945	7,8025	6,1633	2,1053	1492,3	177205	475
476	226576	107850176	21,8174	7,8079	6,1654	2,1008	1495,4	177952	476
477	227529	108531333	21,8403	7,8134	6,1675	2,0964	1498,5	178701	477
478	228484	109215352	21,8632	7,8188	6,1696	2,0921	1501,7	179451	478
479	229441	109902239	21,8861	7,8243	6,1717	2,0877	1504,8	180203	479
480	230400	110592000	21,9089	7,8297	6,1738	2,0833	1508,0	180956	480
481	231361	111284641	21,9317	7,8352	6,1759	2,0790	1511,1	181711	481
482	232324	111980168	21,9545	7,8406	6,1779	2,0747	1514,2	182467	482
483	233289	112678587	21,9773	7,8460	6,1800	2,0704	1517,4	183225	483
484	234256	113379904	22,0000	7,8514	6,1821	2,0661	1520,5	183984	484
485	235225	114084125	22,0227	7,8568	6,1841	2,0619	1523,7	184745	485
486	236196	114791256	22,0454	7,8622	6,1862	2,0576	1526,8	185508	486
487	237169	115501303	22,0681	7,8676	6,1883	2,0534	1530,0	186272	487
488	238144	116214272	22,0907	7,8730	6,1903	2,0492	1533,1	187038	488
489	239121	116930169	22,1133	7,8784	6,1924	2,0450	1536,2	187805	489
490	240100	117649000	22,1359	7,8837	6,1944	2,0408	1539,4	188574	490
491	241081	118370771	22,1585	7,8891	6,1964	2,0367	1542,5	189345	491
492	242064	119095488	22,1811	7,8944	6,1985	2,0325	1545,7	190117	492
493	243049	119823157	22,2036	7,8998	6,2005	2,0284	1548,8	190890	493
494	244036	120553784	22,2261	7,9051	6,2025	2,0243	1551,9	191665	494
495	245025	121287375	22,2486	7,9105	6,2046	2,0202	1555,1	192442	495
496	246016	122023936	22,2711	7,9158	6,2066	2,0161	1558,2	193221	496
497	247009	122763473	22,2935	7,9211	6,2086	2,0121	1561,4	194000	497
498	248004	123505992	22,3159	7,9264	6,2106	2,0080	1564,5	194782	498
499	249001	124251499	22,3383	7,9317	6,2126	2,0040	1567,7	195565	499
500	250000	125000000	22,3607	7,9370	6,2146	2,0000	1570,8	196350	500

n	n^2	n^3	$\sqrt{n}$	$\sqrt[3]{n}$	$\ln n$	$\dfrac{1000}{n}$	πn	$\dfrac{\pi n^2}{4}$	n
500	250000	125000000	22,3607	7,9370	6,2146	2,0000	1570,8	196350	500
501	251001	125751501	22,3830	7,9423	6,2166	1,9960	1573,9	197136	501
502	252004	126506008	22,4054	7,9476	6,2186	1,9920	1577,1	197923	502
503	253009	127263527	22,4277	7,9528	6,2206	1,9881	1580,2	198713	503
504	254016	128024064	22,4499	7,9581	6,2226	1,9841	1583,4	199504	504
505	255025	128787625	22,4722	7,9634	6,2246	1,9802	1586,5	200296	505
506	256036	129554216	22,4944	7,9686	6,2265	1,9763	1589,6	201090	506
507	257049	130323843	22,5167	7,9739	6,2285	1,9724	1592,8	201886	507
508	258064	131096512	22,5389	7,9791	6,2305	1,9685	1595,9	202683	508
509	259081	131872229	22,5610	7,9843	6,2324	1,9646	1599,1	203482	509
510	260100	132651000	22,5832	7,9896	6,2344	1,9608	1602,2	204282	510
511	261121	133432831	22,6053	7,9948	6,2364	1,9570	1605,4	205084	511
512	262144	134217728	22,6274	8,0000	6,2383	1,9531	1608,5	205887	512
513	263169	135005697	22,6495	8,0052	6,2403	1,9493	1611,6	206692	513
514	264196	135796744	22,6716	8,0104	6,2422	1,9455	1614,8	207499	514
515	265225	136590875	22,6936	8,0156	6,2442	1,9418	1617,9	208307	515
516	266256	137388096	22,7156	8,0208	6,2461	1,9380	1621,1	209117	516
517	267289	138188413	22,7376	8,0260	6,2480	1,9342	1624,2	209928	517
518	268324	138991832	22,7596	8,0311	6,2500	1,9305	1627,3	210741	518
519	269361	139798359	22,7816	8,0363	6,2519	1,9268	1630,5	211556	519
520	270400	140608000	22,8035	8,0415	6,2538	1,9231	1633,6	212372	520
521	271441	141420761	22,8254	8,0466	6,2558	1,9194	1636,8	213189	521
522	272484	142236648	22,8473	8,0517	6,2577	1,9157	1639,9	214008	522
523	273529	143055667	22,8692	8,0569	6,2596	1,9121	1643,1	214829	523
524	274576	143877824	22,8910	8,0620	6,2615	1,9084	1646,2	215651	524
525	275625	144703125	22,9129	8,0671	6,2634	1,9048	1649,3	216475	525
526	276676	145531576	22,9347	8,0723	6,2653	1,9011	1652,5	217301	526
527	277729	146363183	22,9565	8,0774	6,2672	1,8975	1655,6	218128	527
528	278784	147197952	22,9783	8,0825	6,2691	1,8939	1658,8	218956	528
529	279841	148035889	23,0000	8,0876	6,2710	1,8904	1661,9	219787	529
530	280900	148877000	23,0217	8,0927	6,2729	1,8868	1665,0	220618	530
531	281961	149721291	23,0434	8,0978	6,2748	1,8832	1668,2	221452	531
532	283024	150568768	23,0651	8,1028	6,2766	1,8797	1671,3	222287	532
533	284089	151419437	23,0868	8,1079	6,2785	1,8762	1674,5	223123	533
534	285156	152273304	23,1084	8,1130	6,2804	1,8727	1677,6	223961	534
535	286225	153130375	23,1301	8,1180	6,2823	1,8692	1680,8	224801	535
536	287296	153990656	23,1517	8,1231	6,2841	1,8657	1683,9	225642	536
537	288369	154854153	23,1733	8,1281	6,2860	1,8622	1687,0	226484	537
538	289444	155720872	23,1948	8,1332	6,2879	1,8587	1690,2	227329	538
539	290521	156590819	23,2164	8,1382	6,2897	1,8553	1693,3	228175	539
540	291600	157464000	23,2379	8,1433	6,2916	1,8519	1696,5	229022	540
541	292681	158340421	23,2594	8,1483	6,2934	1,8484	1699,6	229871	541
542	293764	159220088	23,2809	8,1533	6,2953	1,8450	1702,7	230722	542
543	294849	160103007	23,3024	8,1583	6,2971	1,8416	1705,9	231574	543
544	295936	160989184	23,3238	8,1633	6,2989	1,8382	1709,0	232428	544
545	297025	161878625	23,3452	8,1683	6,3008	1,8349	1712,2	233283	545
546	298116	162771336	23,3666	8,1733	6,3026	1,8315	1715,3	234140	546
547	299209	163667323	23,3880	8,1783	6,3044	1,8282	1718,5	234998	547
548	300304	164566592	23,4094	8,1833	6,3063	1,8248	1721,6	235858	548
549	301401	165469149	23,4307	8,1882	6,3081	1,8215	1724,7	236720	549
550	302500	166375000	23,4521	8,1932	6,3099	1,8182	1727,9	237583	550

n	n^2	n^3	$\sqrt{n}$	$\sqrt[3]{n}$	$\ln n$	$\dfrac{1000}{n}$	$\pi\, n$	$\dfrac{\pi\, n^2}{4}$	n
550	302500	166375000	23,4521	8,1932	6,3099	1,8182	1727,9	237583	**550**
551	303601	167284151	23,4734	8,1982	6,3117	1,8149	1731,0	238448	551
552	304704	168196608	23,4947	8,2031	6,3135	1,8116	1734,2	239314	552
553	305809	169112377	23,5160	8,2081	6,3154	1,8083	1737,3	240182	553
554	306916	170031464	23,5372	8,2130	6,3172	1,8051	1740,4	241051	554
555	308025	170953875	23,5584	8,2180	6,3190	1,8018	1743,6	241922	555
556	309136	171879616	23,5797	8,2229	6,3208	1,7986	1746,7	242795	556
557	310249	172808693	23,6008	8,2278	6,3226	1,7953	1749,9	243669	557
558	311364	173741112	23,6220	8,2327	6,3244	1,7921	1753,0	244545	558
559	312481	174676879	23,6432	8,2377	6,3261	1,7889	1756,2	245422	559
560	313600	175616000	23,6643	8,2426	6,3279	1,7857	1759,3	246301	**560**
561	314721	176558481	23,6854	8,2475	6,3297	1,7825	1762,4	247181	561
562	315844	177504328	23,7065	8,2524	6,3315	1,7794	1765,6	248063	562
563	316969	178453547	23,7276	8,2573	6,3333	1,7762	1768,7	248947	563
564	318096	179406144	23,7487	8,2621	6,3351	1,7731	1771,9	249832	564
565	319225	180362125	23,7697	8,2670	6,3368	1,7699	1775,0	250719	565
566	320356	181321496	23,7908	8,2719	6,3386	1,7668	1778,1	251607	566
567	321489	182284263	23,8118	8,2768	6,3404	1,7637	1781,3	252497	567
568	322624	183250432	23,8328	8,2816	6,3421	1,7606	1784,4	253388	568
569	323761	184220009	23,8537	8,2865	6,3439	1,7575	1787,6	254281	569
570	324900	185193000	23,8747	8,2913	6,3456	1,7544	1790,7	255176	**570**
571	326041	186169411	23,8956	8,2962	6,3474	1,7513	1793,8	256072	571
572	327184	187149248	23,9165	8,3010	6,3491	1,7483	1797,0	256970	572
573	328329	188132517	23,9374	8,3059	6,3509	1,7452	1800,1	257869	573
574	329476	189119224	23,9583	8,3107	6,3526	1,7422	1803,3	258770	574
575	330625	190109375	23,9792	8,3155	6,3544	1,7391	1806,4	259672	575
576	331776	191102976	24,0000	8,3203	6,3561	1,7361	1809,6	260576	576
577	332929	192100033	24,0208	8,3251	6,3578	1,7331	1812,7	261482	577
578	334084	193100552	24,0416	8,3300	6,3596	1,7301	1815,8	262389	578
579	335241	194104539	24,0624	8,3348	6,3613	1,7271	1819,0	263298	579
580	336400	195112000	24,0832	8,3396	6,3630	1,7241	1822,1	264208	**580**
581	337561	196122941	24,1039	8,3443	6,3648	1,7212	1825,3	265120	581
582	338724	197137368	24,1247	8,3491	6,3665	1,7182	1828,4	266033	582
583	339889	198155287	24,1454	8,3539	6,3682	1,7153	1831,6	266948	583
584	341056	199176704	24,1661	8,3587	6,3699	1,7123	1834,7	267865	584
585	342225	200201625	24,1868	8,3634	6,3716	1,7094	1837,8	268783	585
586	343396	201230056	24,2074	8,3682	6,3733	1,7065	1841,0	269703	586
587	344569	202262003	24,2281	8,3730	6,3750	1,7036	1844,1	270624	587
588	345744	203297472	24,2487	8,3777	6,3767	1,7007	1847,3	271547	588
589	346921	204336469	24,2693	8,3825	6,3784	1,6978	1850,4	272471	589
590	348100	205379000	24,2899	8,3872	6,3801	1,6949	1853,5	273397	**590**
591	349281	206425071	24,3105	8,3919	6,3818	1,6921	1856,7	274325	591
592	350464	207474688	24,3311	8,3967	6,3835	1,6892	1859,8	275254	592
593	351649	208527857	24,3516	8,4014	6,3852	1,6863	1863,0	276184	593
594	352836	209584584	24,3721	8,4061	6,3869	1,6835	1866,1	277117	594
595	354025	210644875	24,3926	8,4108	6,3886	1,6807	1869,2	278051	595
596	355216	211708736	24,4131	8,4155	6,3902	1,6779	1872,4	278986	596
597	356409	212776173	24,4336	8,4202	6,3919	1,6750	1875,5	279923	597
598	357604	213847192	24,4540	8,4249	6,3936	1,6722	1878,7	280862	598
599	358801	214921799	24,4745	8,4296	6,3953	1,6695	1881,8	281802	599
600	360000	216000000	24,4949	8,4343	6,3969	1,6667	1885,0	282743	**600**

n	n^2	n^3	$\sqrt{n}$	$\sqrt[3]{n}$	$\ln n$	$\dfrac{1000}{n}$	πn	$\dfrac{\pi n^2}{4}$	n
600	360000	216000000	24,4949	8,4343	6,3969	1,6667	1885,0	282743	600
601	361201	217081801	24,5153	8,4390	6,3986	1,6639	1888,1	283687	601
602	362404	218167208	24,5357	8,4437	6,4003	1,6611	1891,2	284631	602
603	363609	219256227	24,5561	8,4484	6,4019	1,6584	1894,4	285578	603
604	364816	220348864	24,5764	8,4530	6,4036	1,6556	1897,5	286526	604
605	366025	221445125	24,5967	8,4577	6,4052	1,6529	1900,7	287475	605
606	367236	222545016	24,6171	8,4623	6,4069	1,6502	1903,8	288426	606
607	368449	223648543	24,6374	8,4670	6,4085	1,6475	1906,9	289379	607
608	369664	224755712	24,6577	8,4716	6,4102	1,6447	1910,1	290333	608
609	370881	225866529	24,6779	8,4763	6,4118	1,6420	1913,2	291289	609
610	372100	226981000	24,6982	8,4809	6,4135	1,6393	1916,4	292247	610
611	373321	228099131	24,7184	8,4856	6,4151	1,6367	1919,5	293206	611
612	374544	229220928	24,7386	8,4902	6,4167	1,6340	1922,7	294166	612
613	375769	230346397	24,7588	8,4948	6,4184	1,6313	1925,8	295128	613
614	376996	231475544	24,7790	8,4994	6,4200	1,6287	1928,9	296092	614
615	378225	232608375	24,7992	8,5040	6,4216	1,6260	1932,1	297057	615
616	379456	233744896	24,8193	8,5086	6,4232	1,6234	1935,2	298024	616
617	380689	234885113	24,8395	8,5132	6,4249	1,6208	1938,4	298992	617
618	381924	236029032	24,8596	8,5178	6,4265	1,6181	1941,5	299962	618
619	383161	237176659	24,8797	8,5224	6,4281	1,6155	1944,6	300934	619
620	384400	238328000	24,8998	8,5270	6,4297	1,6129	1947,8	301907	620
621	385641	239483061	24,9199	8,5316	6,4313	1,6103	1950,9	302882	621
622	386884	240641848	24,9399	8,5362	6,4329	1,6077	1954,1	303858	622
623	388129	241804367	24,9600	8,5408	6,4345	1,6051	1957,2	304836	623
624	389376	242970624	24,9800	8,5453	6,4362	1,6026	1960,4	305815	624
625	390625	244140625	25,0000	8,5499	6,4378	1,6000	1963,5	306796	625
626	391876	245314376	25,0200	8,5544	6,4394	1,5974	1966,6	307779	626
627	393129	246491883	25,0400	8,5590	6,4409	1,5949	1969,8	308763	627
628	394384	247673152	25,0599	8,5635	6,4425	1,5924	1972,9	309748	628
629	395641	248858189	25,0799	8,5681	6,4441	1,5898	1976,1	310736	629
630	396900	250047000	25,0998	8,5726	6,4457	1,5873	1979,2	311725	630
631	398161	251239591	25,1197	8,5772	6,4473	1,5848	1982,3	312715	631
632	399424	252435968	25,1396	8,5817	6,4489	1,5823	1985,5	313707	632
633	400689	253636137	25,1595	8,5862	6,4505	1,5798	1988,6	314700	633
634	401956	254840104	25,1794	8,5907	6,4520	1,5773	1991,8	315696	634
635	403225	256047875	25,1992	8,5952	6,4536	1,5748	1994,9	316692	635
636	404496	257259456	25,2190	8,5997	6,4552	1,5723	1998,1	317690	636
637	405769	258474853	25,2389	8,6043	6,4568	1,5697	2001,2	318690	637
638	407044	259694072	25,2587	8,6088	6,4583	1,5674	2004,3	319692	638
639	408321	260917119	25,2784	8,6132	6,4599	1,5650	2007,5	320695	639
640	409600	262144000	25,2982	8,6177	6,4615	1,5625	2010,6	321699	640
641	410881	263374721	25,3180	8,6222	6,4630	1,5601	2013,8	322705	641
642	412164	264609288	25,3377	8,6267	6,4646	1,5576	2016,9	323713	642
643	413449	265847707	25,3574	8,6312	6,4661	1,5552	2020,0	324722	643
644	414736	267089984	25,3772	8,6357	6,4677	1,5528	2023,2	325733	644
645	416025	268336125	25,3969	8,6401	6,4693	1,5504	2026,3	326745	645
646	417316	269586136	25,4165	8,6446	6,4708	1,5480	2029,5	327759	646
647	418609	270840023	25,4362	8,6490	6,4723	1,5456	2032,6	328775	647
648	419904	272097792	25,4558	8,6535	6,4739	1,5432	2035,8	329792	648
649	421201	273359449	25,4755	8,6579	6,4754	1,5408	2038,9	330810	649
650	422500	274625000	25,4951	8,6624	6,4770	1,5385	2042,0	331831	650

n	n^2	n^3	$\sqrt{n}$	$\sqrt[3]{n}$	$\ln n$	$\dfrac{1000}{n}$	$\pi\,n$	$\dfrac{\pi\,n^2}{4}$	n
650	422500	274625000	25,4951	8,6624	6,4770	1,5385	2042,0	331831	**650**
651	423801	275894451	25,5147	8,6668	6,4785	1,5361	2045,2	332853	651
652	425104	277167808	25,5343	8,6713	6,4800	1,5337	2048,3	333876	652
653	426409	278445077	25,5539	8,6757	6,4816	1,5314	2051,5	334901	653
654	427716	279726264	25,5734	8,6801	6,4831	1,5291	2054,6	335927	654
655	429025	281011375	25,5930	8,6845	6,4846	1,5267	2057,7	336955	655
656	430336	282300416	25,6125	8,6890	6,4862	1,5244	2060,9	337985	656
657	431649	283593393	25,6320	8,6934	6,4877	1,5221	2064,0	339016	657
658	432964	284890312	25,6515	8,6978	6,4892	1,5198	2067,2	340049	658
659	434281	286191179	25,6710	8,7022	6,4907	1,5175	2070,3	341084	659
660	435600	287496000	25,6905	8,7066	6,4922	1,5152	2073,5	342119	**660**
661	436921	288804781	25,7099	8,7110	6,4938	1,5129	2076,6	343157	661
662	438244	290117528	25,7294	8,7154	6,4953	1,5106	2079,7	344196	662
663	439569	291434247	25,7488	8,7198	6,4968	1,5083	2082,9	345237	663
664	440896	292754944	25,7682	8,7241	6,4983	1,5060	2086,0	346279	664
665	442225	294079625	25,7876	8,7285	6,4998	1,5038	2089,2	347323	665
666	443556	295408296	25,8070	8,7329	6,5013	1,5015	2092,3	348368	666
667	444889	296740963	25,8263	8,7373	6,5028	1,4993	2095,4	349415	667
668	446224	298077632	25,8457	8,7416	6,5043	1,4970	2098,6	350464	668
669	447561	299418309	25,8650	8,7460	6,5058	1,4948	2101,7	351514	669
670	448900	300763000	25,8844	8,7503	6,5073	1,4925	2104,9	352565	**670**
671	450241	302111711	25,9037	8,7547	6,5088	1,4903	2108,0	353618	671
672	451584	303464448	25,9230	8,7590	6,5103	1,4881	2111,2	354673	672
673	452929	304821217	25,9422	8,7634	6,5117	1,4859	2114,3	355730	673
674	454276	306182024	25,9615	8,7677	6,5132	1,4837	2117,4	356788	674
675	455625	307546875	25,9808	8,7721	6,5147	1,4815	2120,6	357847	675
676	456976	308915776	26,0000	8,7764	6,5162	1,4793	2123,7	358908	676
677	458329	310288733	26,0192	8,7807	6,5177	1,4771	2126,9	359971	677
678	459684	311665752	26,0384	8,7850	6,5191	1,4749	2130,0	361035	678
679	461041	313046839	26,0576	8,7893	6,5206	1,4728	2133,1	362101	679
680	462400	314432000	26,0768	8,7937	6,5221	1,4706	2136,3	363168	**680**
681	463761	315821241	26,0960	8,7980	6,5236	1,4684	2139,4	364237	681
682	465124	317214568	26,1151	8,8023	6,5250	1,4663	2142,6	365308	682
683	466489	318611987	26,1343	8,8066	6,5265	1,4641	2145,7	366380	683
684	467856	320013504	26,1534	8,8109	6,5280	1,4620	2148,8	367453	684
685	469225	321419125	26,1725	8,8152	6,5294	1,4599	2152,0	368528	685
686	470596	322828856	26,1916	8,8194	6,5309	1,4577	2155,1	369605	686
687	471969	324242703	26,2107	8,8237	6,5323	1,4556	2158,3	370684	687
688	473344	325660672	26,2298	8,8280	6,5338	1,4535	2161,4	371764	688
689	474721	327082769	26,2488	8,8323	6,5352	1,4514	2164,6	372845	689
690	476100	328509000	26,2679	8,8366	6,5367	1,4493	2167,7	373928	**690**
691	477481	329939371	26,2869	8,8408	6,5381	1,4472	2170,8	375013	691
692	478864	331373888	26,3059	8,8451	6,5396	1,4451	2174,0	376099	692
693	480249	332812557	26,3249	8,8493	6,5410	1,4430	2177,1	377187	693
694	481636	334255384	26,3439	8,8536	6,5425	1,4409	2180,3	378276	694
695	483025	335702375	26,3629	8,8578	6,5439	1,4389	2183,4	379367	695
696	484416	337153536	26,3818	8,8621	6,5453	1,4368	2186,5	380459	696
697	485809	338608873	26,4008	8,8663	6,5468	1,4347	2189,7	381553	697
698	487204	340068392	26,4197	8,8706	6,5482	1,4327	2192,8	382649	698
699	488601	341532099	26,4386	8,8748	6,5497	1,4306	2196,0	383746	699
700	490000	343000000	26,4575	8,8790	6,5511	1,4286	2199,1	384845	**700**

n	n^2	n^3	$\sqrt{n}$	$\sqrt[3]{n}$	$\ln n$	$\dfrac{1000}{n}$	πn	$\dfrac{n\,n^2}{4}$	n
700	490000	343000000	26,4575	8,8790	6,5511	1,4286	2199,1	384845	**700**
701	491401	344472101	26,4764	8,8833	6,5525	1,4265	2202,3	385945	701
702	492804	345948408	26,4953	8,8875	6,5539	1,4245	2205,4	387047	702
703	494209	347428927	26,5141	8,8917	6,5554	1,4225	2208,5	388151	703
704	495616	348913664	26,5330	8,8959	6,5568	1,4205	2211,7	389256	704
705	497025	350402625	26,5518	8,9001	6,5582	1,4184	2214,8	390363	705
706	498436	351895816	26,5707	8,9043	6,5596	1,4164	2218,0	391471	706
707	499849	353393243	26,5895	8,9085	6,5610	1,4144	2221,1	392580	707
708	501264	354894912	26,6083	8,9127	6,5624	1,4124	2224,2	393692	708
709	502681	356400829	26,6271	8,9169	6,5639	1,4104	2227,4	394805	709
710	504100	357911000	26,6458	8,9211	6,5653	1,4085	2230,5	395919	**710**
711	505521	359425431	26,6646	8,9253	6,5667	1,4065	2233,7	397035	711
712	506944	360944128	26,6833	8,9295	6,5681	1,4045	2236,8	398153	712
713	508369	362467097	26,7021	8,9337	6,5695	1,4025	2240,0	399272	713
714	509796	363994344	26,7208	8,9378	6,5709	1,4006	2243,1	400393	714
715	511225	365525875	26,7395	8,9420	6,5723	1,3986	2246,2	401515	715
716	512656	367061696	26,7582	8,9462	6,5737	1,3967	2249,4	402639	716
717	514089	368601813	26,7769	8,9503	6,5751	1,3947	2252,5	403765	717
718	515524	370146232	26,7955	8,9545	6,5765	1,3928	2255,7	404892	718
719	516961	371694959	26,8142	8,9587	6,5779	1,3908	2258,8	406020	719
720	518400	373248000	26,8328	8,9628	6,5793	1,3889	2261,9	407150	**720**
721	519841	374805361	26,8514	8,9670	6,5806	1,3870	2265,1	408282	721
722	521284	376367048	26,8701	8,9711	6,5820	1,3850	2268,2	409415	722
723	522729	377933067	26,8887	8,9752	6,5834	1,3831	2271,4	410550	723
724	524176	379503424	26,9072	8,9794	6,5848	1,3812	2274,5	411687	724
725	525625	381078125	26,9258	8,9835	6,5862	1,3793	2277,7	412825	725
726	527076	382657176	26,9444	8,9876	6,5876	1,3774	2280,8	413965	726
727	528529	384240583	26,9629	8,9918	6,5889	1,3755	2283,9	415106	727
728	529984	385828352	26,9815	8,9959	6,5903	1,3736	2287,1	416248	728
729	531441	387420489	27,0000	9,0000	6,5917	1,3717	2290,2	417393	729
730	532900	389017000	27,0185	9,0041	6,5930	1,3699	2293,4	418539	**730**
731	534361	390617891	27,0370	9,0082	6,5944	1,3680	2296,5	419686	731
732	535824	392223168	27,0555	9,0123	6,5958	1,3661	2299,6	420835	732
733	537289	393832837	27,0740	9,0164	6,5971	1,3643	2302,8	421986	733
734	538756	395446904	27,0924	9,0205	6,5985	1,3624	2305,9	423138	734
735	540225	397065375	27,1109	9,0246	6,5999	1,3605	2309,1	424293	735
736	541696	398688256	27,1293	9,0287	6,6012	1,3587	2312,2	425447	736
737	543169	400315553	27,1477	9,0328	6,6026	1,3569	2315,4	426604	737
738	544644	401947272	27,1662	9,0369	6,6039	1,3550	2318,5	427762	738
739	546121	403583419	27,1846	9,0410	6,6053	1,3532	2321,6	428922	739
740	547600	405224000	27,2029	9,0450	6,6067	1,3514	2324,8	430084	**740**
741	549081	406869021	27,2213	9,0491	6,6080	1,3495	2327,9	431247	741
742	550564	408518488	27,2397	9,0532	6,6093	1,3477	2331,1	432412	742
743	552049	410172407	27,2580	9,0572	6,6107	1,3459	2334,2	433578	743
744	553536	411830784	27,2764	9,0613	6,6120	1,3441	2337,3	434746	744
745	555025	413493625	27,2947	9,0654	6,6134	1,3423	2340,5	435916	745
746	556516	415160936	27,3130	9,0694	6,6147	1,3405	2343,6	437087	746
747	558009	416832723	27,3313	9,0735	6,6161	1,3387	2346,8	438259	747
748	559504	418508992	27,3496	9,0775	6,6174	1,3369	2349,9	439433	748
749	561001	420189749	27,3679	9,0816	6,6187	1,3351	2353,1	440609	749
750	562500	421875000	27,3861	9,0856	6,6201	1,3333	2356,2	441786	**750**

n	n^2	n^3	$\sqrt{n}$	$\sqrt[3]{n}$	$\ln n$	$\dfrac{1000}{n}$	πn	$\dfrac{\pi n^2}{4}$	n
750	562500	421875000	27,3861	9,0856	6,6201	1,3333	2356,2	441786	750
751	564001	423564751	27,4044	9,0896	6,6214	1,3316	2359,3	442965	751
752	565504	425259008	27,4226	9,0937	6,6227	1,3298	2362,5	444146	752
753	567009	426957777	27,4408	9,0977	6,6241	1,3280	2365,6	445328	753
754	568516	428661064	27,4591	9,1017	6,6254	1,3263	2368,8	446511	754
755	570025	430368875	27,4773	9,1057	6,6267	1,3245	2371,9	447697	755
756	571536	432081216	27,4955	9,1098	6,6280	1,3228	2375,0	448883	756
757	573049	433798093	27,5136	9,1138	6,6294	1,3210	2378,2	450072	757
758	574564	435519512	27,5318	9,1178	6,6307	1,3193	2381,3	451262	758
759	576081	437245479	27,5500	9,1218	6,6320	1,3175	2384,5	452453	759
760	577600	438976000	27,5681	9,1258	6,6333	1,3158	2387,6	453646	760
761	579121	440711081	27,5862	9,1298	6,6346	1,3141	2390,8	454841	761
762	580644	442450728	27,6043	9,1338	6,6359	1,3123	2393,9	456037	762
763	582169	444194947	27,6225	9,1378	6,6373	1,3106	2397,0	457234	763
764	583696	445943744	27,6405	9,1418	6,6386	1,3089	2400,2	458434	764
765	585225	447697125	27,6586	9,1458	6,6399	1,3072	2403,3	459635	765
766	586756	449455096	27,6767	9,1498	6,6412	1,3055	2406,5	460837	766
767	588289	451217663	27,6948	9,1537	6,6425	1,3038	2409,6	462041	767
768	589824	452984832	27,7128	9,1577	6,6438	1,3021	2412,7	463247	768
769	591361	454756609	27,7308	9,1617	6,6451	1,3004	2415,9	464454	769
770	592900	456533000	27,7489	9,1657	6,6464	1,2987	2419,0	465663	770
771	594441	458314011	27,7669	9,1696	6,6477	1,2970	2422,2	466873	771
772	595984	460099648	27,7849	9,1736	6,6490	1,2953	2425,3	468085	772
773	597529	461889917	27,8029	9,1775	6,6503	1,2937	2428,5	469298	773
774	599076	463684824	27,8209	9,1815	6,6516	1,2920	2431,6	470513	774
775	600625	465484375	27,8388	9,1855	6,6529	1,2903	2434,7	471730	775
776	602176	467288576	27,8568	9,1894	6,6542	1,2887	2437,9	472948	776
777	603729	469097433	27,8747	9,1933	6,6554	1,2870	2441,0	474168	777
778	605284	470910952	27,8927	9,1973	6,6567	1,2854	2444,2	475389	778
779	606841	472729139	27,9106	9,2012	6,6580	1,2837	2447,3	476612	779
780	608400	474552000	27,9285	9,2052	6,6593	1,2821	2450,4	477836	780
781	609961	476379541	27,9464	9,2091	6,6606	1,2804	2453,6	479062	781
782	611524	478211768	27,9643	9,2130	6,6619	1,2788	2456,7	480290	782
783	613089	480048687	27,9821	9,2170	6,6631	1,2771	2459,9	481519	783
784	614656	481890304	28,0000	9,2209	6,6644	1,2755	2463,0	482750	784
785	616225	483736625	28,0179	9,2248	6,6657	1,2739	2466,2	483982	785
786	617796	485587656	28,0357	9,2287	6,6670	1,2723	2469,3	485216	786
787	619369	487443403	28,0535	9,2326	6,6682	1,2707	2472,4	486451	787
788	620944	489303872	28,0713	9,2365	6,6695	1,2690	2475,6	487688	788
789	622521	491169069	28,0891	9,2404	6,6708	1,2674	2478,7	488927	789
790	624100	493039000	28,1069	9,2443	6,6720	1,2658	2481,9	490167	790
791	625681	494913671	28,1247	9,2482	6,6733	1,2642	2485,0	491409	791
792	627264	496793088	28,1425	9,2521	6,6746	1,2626	2488,1	492652	792
793	628849	498677257	28,1603	9,2560	6,6758	1,2610	2491,3	493897	793
794	630436	500566184	28,1780	9,2599	6,6771	1,2595	2494,4	495143	794
795	632025	502459875	28,1957	9,2638	6,6783	1,2579	2497,6	496391	795
796	633616	504358336	28,2135	9,2677	6,6796	1,2563	2500,7	497641	796
797	635209	506261573	28,2312	9,2716	6,6809	1,2547	2503,8	498892	797
798	636804	508169592	28,2489	9,2754	6,6821	1,2531	2507,0	500145	798
799	638401	510082399	28,2666	9,2793	6,6834	1,2516	2510,1	501399	799
800	640000	512000000	28,2843	9,2832	6,6846	1,2500	2513,3	502655	800

n	n^2	n^3	$\sqrt{n}$	$\sqrt[3]{n}$	$\ln n$	$\dfrac{1000}{n}$	$\pi\,n$	$\dfrac{\pi\,n^2}{4}$	n
800	640000	512000000	28,2843	9,2832	6,6846	1,2500	2513,3	502655	800
801	641601	513922401	28,3019	9,2870	6,6859	1,2484	2516,4	503912	801
802	643204	515849608	28,3196	9,2909	6,6871	1,2469	2519,6	505171	802
803	644809	517781627	28,3373	9,2948	6,6884	1,2453	2522,7	506432	803
804	646416	519718464	28,3549	9,2986	6,6896	1,2438	2525,8	507694	804
805	648025	521660125	28,3725	9,3025	6,6908	1,2422	2529,0	508958	805
806	649636	523606616	28,3901	9,3063	6,6921	1,2407	2532,1	510223	806
807	651249	525557943	28,4077	9,3102	6,6933	1,2392	2535,3	511490	807
808	652864	527514112	28,4253	9,3140	6,6946	1,2376	2538,4	512758	808
809	654481	529475129	28,4429	9,3179	6,6958	1,2361	2541,5	514028	809
810	656100	531441000	28,4605	9,3217	6,6970	1,2346	2544,7	515300	810
811	657721	533411731	28,4781	9,3255	6,6983	1,2331	2547,8	516573	811
812	659344	535387328	28,4956	9,3294	6,6995	1,2315	2551,0	517848	812
813	660969	537367797	28,5132	9,3332	6,7007	1,2300	2554,1	519124	813
814	662596	539353144	28,5307	9,3370	6,7020	1,2285	2557,3	520402	814
815	664225	541343375	28,5482	9,3408	6,7032	1,2270	2560,4	521681	815
816	665856	543338496	28,5657	9,3447	6,7044	1,2255	2563,5	522962	816
817	667489	545338513	28,5832	9,3485	6,7056	1,2240	2566,7	524245	817
818	669124	547343432	28,6007	9,3523	6,7069	1,2225	2569,8	525529	818
819	670761	549353259	28,6182	9,3561	6,7081	1,2210	2573,0	526814	819
820	672400	551368000	28,6356	9,3599	6,7093	1,2195	2576,1	528102	820
821	674041	553387661	28,6531	9,3637	6,7105	1,2180	2579,2	529391	821
822	675684	555412248	28,6705	9,3675	6,7117	1,2166	2582,4	530681	822
823	677329	557441767	28,6880	9,3713	6,7130	1,2151	2585,5	531973	823
824	678976	559476224	28,7054	9,3751	6,7142	1,2136	2588,7	533267	824
825	680625	561515625	28,7228	9,3789	6,7154	1,2121	2591,8	534562	825
826	682276	563559976	28,7402	9,3827	6,7166	1,2107	2595,0	535858	826
827	683929	565609283	28,7576	9,3865	6,7178	1,2092	2598,1	537157	827
828	685584	567663552	28,7750	9,3902	6,7190	1,2077	2601,2	538456	828
829	687241	569722789	28,7924	9,3940	6,7202	1,2063	2604,4	539758	829
830	688900	571787000	28,8097	9,3978	6,7214	1,2048	2607,5	541061	830
831	690561	573856191	28,8271	9,4016	6,7226	1,2034	2610,7	542365	831
832	692224	575930368	28,8444	9,4053	6,7238	1,2019	2613,8	543671	832
833	693889	578009537	28,8617	9,4091	6,7250	1,2005	2616,9	544979	833
834	695556	580093704	28,8791	9,4129	6,7262	1,1990	2620,1	546288	834
835	697225	582182875	28,8964	9,4166	6,7274	1,1976	2623,2	547599	835
836	698896	584277056	28,9137	9,4204	6,7286	1,1962	2626,4	548912	836
837	700569	586376253	28,9310	9,4241	6,7298	1,1947	2629,5	550226	837
838	702244	588480472	28,9482	9,4279	6,7310	1,1933	2632,7	551541	838
839	703921	590589719	28,9655	9,4316	6,7322	1,1919	2635,8	552858	839
840	705600	592704000	28,9828	9,4354	6,7334	1,1905	2638,9	554177	840
841	707281	594823321	29,0000	9,4391	6,7346	1,1891	2642,1	555497	841
842	708964	596947688	29,0172	9,4429	6,7358	1,1877	2645,2	556819	842
843	710649	599077107	29,0345	9,4466	6,7370	1,1862	2648,4	558142	843
844	712336	601211584	29,0517	9,4503	6,7382	1,1848	2651,5	559467	844
845	714025	603351125	29,0689	9,4541	6,7393	1,1834	2654,6	560794	845
846	715716	605495736	29,0861	9,4578	6,7405	1,1820	2657,8	562122	846
847	717409	607645423	29,1033	9,4615	6,7417	1,1806	2660,9	563452	847
848	719104	609800192	29,1204	9,4652	6,7429	1,1793	2664,1	564783	848
849	720801	611960049	29,1376	9,4690	6,7441	1,1779	2667,2	566116	849
850	722500	614125000	29,1548	9,4727	6,7452	1,1765	2670,4	567450	850

n	n^2	n^3	$\sqrt{n}$	$\sqrt[3]{n}$	$\ln n$	$\dfrac{1000}{n}$	$\pi\,n$	$\dfrac{\pi\,n^2}{4}$	n
850	722500	614125000	29,1548	9,4727	6,7452	1,1765	2670,4	567450	850
851	724201	616295051	29,1719	9,4764	6,7464	1,1751	2673,5	568786	851
852	725904	618470208	29,1890	9,4801	6,7476	1,1737	2676,6	570124	852
853	727609	620650477	29,2062	9,4838	6,7488	1,1723	2679,8	571463	853
854	729316	622835864	29,2233	9,4875	6,7499	1,1710	2682,9	572803	854
855	731025	625026375	29,2404	9,4912	6,7511	1,1696	2686,1	574146	855
856	732736	627222016	29,2575	9,4949	6,7523	1,1682	2689,2	575490	856
857	734449	629422793	29,2746	9,4986	6,7534	1,1669	2692,3	576835	857
858	736164	631628712	29,2916	9,5023	6,7546	1,1655	2695,5	578182	858
859	737881	633839779	29,3087	9,5060	6,7558	1,1641	2698,6	579530	859
860	739600	636056000	29,3258	9,5097	6,7569	1,1628	2701,8	580880	860
861	741321	638277381	29,3428	9,5134	6,7581	1,1614	2704,9	582232	861
862	743044	640503928	29,3598	9,5171	6,7593	1,1601	2708,1	583585	862
863	744769	642735647	29,3769	9,5207	6,7604	1,1588	2711,2	584940	863
864	746496	644972544	29,3939	9,5244	6,7616	1,1574	2714,3	586297	864
865	748225	647214625	29,4109	9,5281	6,7627	1,1561	2717,5	587655	865
866	749956	649461896	29,4279	9,5317	6,7639	1,1547	2720,6	589014	866
867	751689	651714363	29,4449	9,5354	6,7650	1,1534	2723,8	590375	867
868	753424	653972032	29,4618	9,5391	6,7662	1,1521	2726,9	591738	868
869	755161	656234909	29,4788	9,5427	6,7673	1,1508	2730,0	593102	869
870	756900	658503000	29,4958	9,5464	6,7685	1,1494	2733,2	594468	870
871	758641	660776311	29,5127	9,5501	6,7696	1,1481	2736,3	595835	871
872	760384	663054848	29,5296	9,5537	6,7708	1,1468	2739,5	597204	872
873	762129	665338617	29,5466	9,5574	6,7719	1,1455	2742,6	598575	873
874	763876	667627624	29,5635	9,5610	6,7731	1,1442	2745,8	599947	874
875	765625	669921875	29,5804	9,5647	6,7742	1,1429	2748,9	601320	875
876	767376	672221376	29,5973	9,5683	6,7754	1,1416	2752,0	602696	876
877	769129	674526133	29,6142	9,5719	6,7765	1,1403	2755,2	604073	877
878	770884	676836152	29,6311	9,5756	6,7776	1,1390	2758,3	605451	878
879	772641	679151439	29,6479	9,5792	6,7788	1,1377	2761,5	606831	879
880	774400	681472000	29,6648	9,5828	6,7799	1,1364	2764,6	608212	880
881	776161	683797841	29,6816	9,5865	6,7811	1,1351	2767,7	609595	881
882	777924	686128968	29,6985	9,5901	6,7822	1,1338	2770,9	610980	882
883	779689	688465387	29,7153	9,5937	6,7833	1,1325	2774,0	612366	883
884	781456	690807104	29,7321	9,5973	6,7845	1,1312	2777,2	613754	884
885	783225	693154125	29,7489	9,6010	6,7856	1,1299	2780,3	615143	885
886	784996	695506456	29,7658	9,6046	6,7867	1,1287	2783,5	616534	886
887	786769	697864103	29,7825	9,6082	6,7878	1,1274	2786,6	617927	887
888	788544	700227072	29,7993	9,6118	6,7890	1,1261	2789,7	619321	888
889	790321	702595369	29,8161	9,6154	6,7901	1,1249	2792,9	620717	889
890	792100	704969000	29,8329	9,6190	6,7912	1,1236	2796,0	622114	890
891	793881	707347971	29,8496	9,6226	6,7923	1,1223	2799,2	623513	891
892	795664	709732288	29,8664	9,6262	6,7935	1,1211	2802,3	624913	892
893	797449	712121957	29,8831	9,6298	6,7946	1,1198	2805,4	626315	893
894	799236	714516984	29,8998	9,6334	6,7957	1,1186	2808,6	627718	894
895	801025	716917375	29,9166	9,6370	6,7968	1,1173	2811,7	629124	895
896	802816	719323136	29,9333	9,6406	6,7979	1,1161	2814,9	630530	896
897	804609	721734273	29,9500	9,6442	6,7991	1,1148	2818,0	631938	897
898	806404	724150792	29,9666	9,6477	6,8002	1,1136	2821,2	633348	898
899	808201	726572699	29,9833	9,6513	6,8013	1,1124	2824,3	634760	899
900	810000	729000000	30,0000	9,6549	6,8024	1,1111	2827,4	636173	900

n	n^2	n^3	$\sqrt{n}$	$\sqrt[3]{n}$	$\ln n$	$\dfrac{1000}{n}$	πn	$\dfrac{\pi n^2}{4}$	n
900	810000	729000000	30,0000	9,6549	6,8024	1,1111	2827,4	636173	900
901	811801	731432701	30,0167	9,6585	6,8035	1,1099	2830,6	637587	901
902	813604	733870808	30,0333	9,6620	6,8046	1,1087	2833,7	639003	902
903	815409	736314327	30,0500	9,6656	6,8057	1,1074	2836,9	640421	903
904	817216	738763264	30,0666	9,6692	6,8068	1,1062	2840,0	641840	904
905	819025	741217625	30,0832	9,6727	6,8079	1,1050	2843,1	643261	905
906	820836	743677416	30,0998	9,6763	6,8090	1,1038	2846,3	644683	906
907	822649	746142643	30,1164	9,6799	6,8101	1,1025	2849,4	646107	907
908	824464	748613312	30,1330	9,6834	6,8112	1,1013	2852,6	647533	908
909	826281	751089429	30,1496	9,6870	6,8123	1,1001	2855,7	648960	909
910	828100	753571000	30,1662	9,6905	6,8134	1,0989	2858,8	650388	910
911	829921	756058031	30,1828	9,6941	6,8145	1,0977	2862,0	651818	911
912	831744	758550528	30,1993	9,6976	6,8156	1,0965	2865,1	653250	912
913	833569	761048497	30,2159	9,7012	6,8167	1,0953	2868,3	654684	913
914	835396	763551944	30,2324	9,7047	6,8178	1,0941	2871,4	656118	914
915	837225	766060875	30,2490	9,7082	6,8189	1,0929	2874,6	657555	915
916	839056	768575296	30,2655	9,7118	6,8200	1,0917	2877,7	658993	916
917	840889	771095213	30,2820	9,7153	6,8211	1,0905	2880,8	660433	917
918	842724	773620632	30,2985	9,7188	6,8222	1,0893	2884,0	661874	918
919	844561	776151559	30,3150	9,7224	6,8233	1,0881	2887,1	663317	919
920	846400	778688000	30,3315	9,7259	6,8244	1,0870	2890,3	664761	920
921	848241	781229961	30,3480	9,7294	6,8255	1,0858	2893,4	666207	921
922	850084	783777448	30,3645	9,7329	6,8265	1,0846	2896,5	667654	922
923	851929	786330467	30,3809	9,7364	6,8276	1,0834	2899,7	669103	923
924	853776	788889024	30,3974	9,7400	6,8287	1,0823	2902,8	670554	924
925	855625	791453125	30,4138	9,7435	6,8298	1,0811	2906,0	672006	925
926	857476	794022776	30,4302	9,7470	6,8309	1,0799	2909,1	673460	926
927	859329	796597983	30,4467	9,7505	6,8320	1,0788	2912,3	674915	927
928	861184	799178752	30,4631	9,7540	6,8330	1,0776	2915,4	676372	928
929	863041	801765089	30,4795	9,7575	6,8341	1,0764	2918,5	677831	929
930	864900	804357000	30,4959	9,7610	6,8352	1,0753	2921,7	679291	930
931	866761	806954491	30,5123	9,7645	6,8363	1,0741	2924,8	680752	931
932	868624	809557568	30,5287	9,7680	6,8373	1,0730	2928,0	682216	932
933	870489	812166237	30,5450	9,7715	6,8384	1,0718	2931,1	683680	933
934	872356	814780504	30,5614	9,7750	6,8395	1,0707	2934,2	685147	934
935	874225	817400375	30,5778	9,7785	6,8405	1,0695	2937,4	686615	935
936	876096	820025856	30,5941	9,7819	6,8416	1,0684	2940,5	688084	936
937	877969	822656953	30,6105	9,7854	6,8427	1,0672	2943,7	689555	937
938	879844	825293672	30,6268	9,7889	6,8437	1,0661	2946,8	691028	938
939	881721	827936019	30,6431	9,7924	6,8448	1,0650	2950,0	692502	939
940	883600	830584000	30,6594	9,7959	6,8459	1,0638	2953,1	693978	940
941	885481	833237621	30,6757	9,7993	6,8469	1,0627	2956,2	695455	941
942	887364	835896888	30,6920	9,8028	6,8480	1,0616	2959,4	696934	942
943	889249	838561807	30,7083	9,8063	6,8491	1,0605	2962,5	698415	943
944	891136	841232384	30,7246	9,8097	6,8501	1,0593	2965,7	699897	944
945	893025	843908625	30,7409	9,8132	6,8512	1,0582	2968,8	701380	945
946	894916	846590536	30,7571	9,8167	6,8522	1,0571	2971,9	702865	946
947	896809	849278123	30,7734	9,8201	6,8533	1,0560	2975,1	704352	947
948	898704	851971392	30,7896	9,8236	6,8544	1,0549	2978,2	705840	948
949	900601	854670349	30,8058	9,8270	6,8554	1,0537	2981,4	707330	949
950	902500	857375000	30,8221	9,8305	6,8565	1,0526	2984,5	708822	950

n	n^2	n^3	$\sqrt{n}$	$\sqrt[3]{n}$	$\ln n$	$\dfrac{1000}{n}$	πn	$\dfrac{\pi n^2}{4}$	n
950	902500	857375000	30,8221	9,8305	6,8565	1,0526	2984,5	708822	950
951	904401	860085351	30,8383	9,8339	6,8575	1,0515	2987,7	710315	951
952	906304	862801408	30,8545	9,8374	6,8586	1,0504	2990,8	711809	952
953	908209	865523177	30,8707	9,8408	6,8596	1,0493	2993,9	713306	953
954	910116	868250664	30,8869	9,8443	6,8607	1,0482	2997,1	714803	954
955	912025	870983875	30,9031	9,8477	6,8617	1,0471	3000,2	716303	955
956	913936	873722816	30,9192	9,8511	6,8628	1,0460	3003,4	717804	956
957	915849	876467493	30,9354	9,8546	6,8638	1,0449	3006,5	719306	957
958	917764	879217912	30,9516	9,8580	6,8648	1,0438	3009,6	720810	958
959	919681	881974079	30,9677	9,8614	6,8659	1,0428	3012,8	722316	959
960	921600	884736000	30,9839	9,8648	6,8669	1,0417	3015,9	723823	960
961	923521	887503681	31,0000	9,8683	6,8680	1,0406	3019,1	725332	961
962	925444	890277128	31,0161	9,8717	6,8690	1,0395	3022,2	726842	962
963	927369	893056347	31,0322	9,8751	6,8701	1,0384	3025,4	728354	963
964	929296	895841344	31,0483	9,8785	6,8711	1,0373	3028,5	729867	964
965	931225	898632125	31,0644	9,8819	6,8721	1,0363	3031,6	731382	965
966	933156	901428696	31,0805	9,8854	6,8732	1,0352	3034,8	732899	966
967	935089	904231063	31,0966	9,8888	6,8742	1,0341	3037,9	734417	967
968	937024	907039232	31,1127	9,8922	6,8752	1,0331	3041,1	735937	968
969	938961	909853209	31,1288	9,8956	6,8763	1,0320	3044,2	737458	969
970	940900	912673000	31,1448	9,8990	6,8773	1,0309	3047,3	738981	970
971	942841	915498611	31,1609	9,9024	6,8783	1,0299	3050,5	740506	971
972	944784	918330048	31,1769	9,9058	6,8794	1,0288	3053,6	742032	972
973	946729	921167317	31,1929	9,9092	6,8804	1,0278	3056,8	743559	973
974	948676	924010424	31,2090	9,9126	6,8814	1,0267	3059,9	745088	974
975	950625	926859375	31,2250	9,9160	6,8824	1,0256	3063,1	746619	975
976	952576	929714176	31,2410	9,9194	6,8835	1,0246	3066,2	748151	976
977	954529	932574833	31,2570	9,9227	6,8845	1,0235	3069,3	749685	977
978	956484	935441352	31,2730	9,9261	6,8855	1,0225	3072,5	751221	978
979	958441	938313739	31,2890	9,9295	6,8865	1,0215	3075,6	752758	979
980	960400	941192000	31,3050	9,9329	6,8876	1,0204	3078,8	754296	980
981	962361	944076141	31,3209	9,9363	6,8886	1,0194	3081,9	755837	981
982	964324	946966168	31,3369	9,9396	6,8896	1,0183	3085,0	757378	982
983	966289	949862087	31,3528	9,9430	6,8906	1,0173	3088,2	758922	983
984	968256	952763904	31,3688	9,9464	6,8916	1,0163	3091,3	760466	984
985	970225	955671625	31,3847	9,9497	6,8926	1,0152	3094,5	762013	985
986	972196	958585256	31,4006	9,9531	6,8937	1,0142	3097,6	763561	986
987	974169	961504803	31,4166	9,9565	6,8947	1,0132	3100,8	765111	987
988	976144	964430272	31,4325	9,9598	6,8957	1,0122	3103,9	766662	988
989	978121	967361669	31,4484	9,9632	6,8967	1,0111	3107,0	768214	989
990	980100	970299000	31,4643	9,9666	6,8977	1,0101	3110,2	769769	990
991	982081	973242271	31,4802	9,9699	6,8987	1,0091	3113,3	771325	991
992	984064	976191488	31,4960	9,9733	6,8997	1,0081	3116,5	772882	992
993	986049	979146657	31,5119	9,9766	6,9007	1,0071	3119,6	774441	993
994	988036	982107784	31,5278	9,9800	6,9017	1,0060	3122,7	776002	994
995	990025	985074875	31,5436	9,9833	6,9027	1,0050	3125,9	777564	995
996	992016	988047936	31,5595	9,9866	6,9037	1,0040	3129,0	779128	996
997	994009	991026973	31,5753	9,9900	6,9047	1,0030	3132,2	780693	997
998	996004	994011992	31,5911	9,9933	6,9057	1,0020	3135,3	782260	998
999	998001	997002999	31,6070	9,9967	6,9068	1,0010	3138,5	783828	999

 B. Tafel der 4stelligen Mantissen der Briggsschen Logarithmen von 100÷549.

Zahl	0	1	2	3	4	5	6	7	8	9	D
10	0000	0043	0086	0128	0170	0212	0253	0294	0334	0374	40
11	0414	0453	0492	0531	0569	0607	0645	0682	0719	0755	37
12	0792	0828	0864	0899	0934	0969	1004	1038	1072	1106	33
13	1139	1173	1206	1239	1271	1303	1335	1367	1399	1430	31
14	1461	1492	1523	1553	1584	1614	1644	1673	1703	1732	29
15	1761	1790	1818	1847	1875	1903	1931	1959	1987	2014	27
16	2041	2068	2095	2122	2148	2175	2201	2227	2253	2279	25
17	2304	2330	2355	2380	2405	2430	2455	2480	2504	2529	24
18	2553	2577	2601	2625	2648	2672	2695	2718	2742	2765	23
19	2788	2810	2833	2856	2878	2900	2923	2945	2967	2989	21
20	3010	3032	3054	3075	3096	3118	3139	3160	3181	3201	21
21	3222	3243	3263	3284	3304	3324	3345	3365	3385	3404	20
22	3424	3444	3464	3483	3502	3522	3541	3560	3579	3598	19
23	3617	3636	3655	3674	3692	3711	3729	3747	3766	3784	18
24	3802	3820	3838	3856	3874	3892	3909	3927	3945	3962	17
25	3979	3997	4014	4031	4048	4065	4082	4099	4116	4133	17
26	4150	4166	4183	4200	4216	4232	4249	4265	4281	4298	16
27	4314	4330	4346	4362	4378	4393	4409	4425	4440	4456	16
28	4472	4487	4502	4518	4533	4548	4564	4579	4594	4609	15
29	4624	4639	4654	4669	4683	4698	4713	4728	4742	4757	14
30	4771	4786	4800	4814	4829	4843	4857	4871	4886	4900	14
31	4914	4928	4942	4955	4969	4983	4997	5011	5024	5038	13
32	5051	5065	5079	5092	5105	5119	5132	5145	5159	5172	13
33	5185	5198	5211	5224	5237	5250	5263	5276	5289	5302	13
34	5315	5328	5340	5353	5366	5378	5391	5403	5416	5428	13
35	5441	5453	5465	5478	5490	5502	5514	5527	5539	5551	12
36	5563	5575	5587	5599	5611	5623	5635	5647	5658	5670	12
37	5682	5694	5705	5717	5729	5740	5752	5763	5775	5786	12
38	5798	5809	5821	5832	5843	5855	5866	5877	5888	5899	12
39	5911	5922	5933	5944	5955	5966	5977	5988	5999	6010	11
40	6021	6031	6042	6053	6064	6075	6085	6096	6107	6117	11
41	6128	6138	6149	6160	6170	6180	6191	6201	6212	6222	10
42	6232	6243	6253	6263	6274	6284	6294	6304	6314	6325	10
43	6335	6345	6355	6365	6375	6385	6395	6405	6415	6425	10
44	6435	6444	6454	6464	6474	6484	6493	6503	6513	6522	10
45	6532	6542	6551	6561	6571	6580	6590	6599	6609	6618	10
46	6628	6637	6646	6656	6665	6675	6684	6693	6702	6712	9
47	6721	6730	6739	6749	6758	6767	6776	6785	6794	6803	9
48	6812	6821	6830	6839	6848	6857	6866	6875	6884	6893	9
49	6902	6911	6920	6928	6937	6946	6955	6964	6972	6981	9
50	6990	6998	7007	7016	7024	7033	7042	7050	7059	7067	9
51	7076	7084	7093	7101	7110	7118	7126	7135	7143	7152	8
52	7160	7168	7177	7185	7193	7202	7210	7218	7226	7235	8
53	7243	7251	7259	7267	7275	7284	7292	7300	7308	7316	8
54	7324	7332	7340	7348	7356	7364	7372	7380	7388	7396	8

Spalte D enthält die Differenz des letzten lg mit dem ersten der folgenden Zeile.

B. Tafel der 4stelligen Mantissen der Briggsschen Logarithmen von 550÷999.

Zahl	0	1	2	3	4	5	6	7	8	9	D
55	7404	7412	7419	7427	7435	7443	7451	7459	7466	7474	8
56	7482	7490	7497	7505	7513	7520	7528	7536	7543	7551	8
57	7559	7566	7574	7582	7589	7597	7604	7612	7619	7627	7
58	7634	7642	7649	7657	7664	7672	7679	7686	7694	7701	8
59	7709	7716	7723	7731	7738	7745	7752	7760	7767	7774	8
60	7782	7789	7796	7803	7810	7818	7825	7832	7839	7846	7
61	7853	7860	7868	7875	7882	7889	7896	7903	7910	7917	7
62	7924	7931	7938	7945	7952	7959	7966	7973	7980	7987	6
63	7993	8000	8007	8014	8021	8028	8035	8041	8048	8055	7
64	8062	8069	8075	8082	8089	8096	8102	8109	8116	8122	7
65	8129	8136	8142	8149	8156	8162	8169	8176	8182	8189	6
66	8195	8202	8209	8215	8222	8228	8235	8241	8248	8254	7
67	8261	8267	8274	8280	8287	8293	8299	8306	8312	8319	6
68	8325	8331	8338	8344	8351	8357	8363	8370	8376	8382	6
69	8388	8395	8401	8407	8414	8420	8426	8432	8439	8445	6
70	8451	8457	8463	8470	8476	8482	8488	8494	8500	8506	7
71	8513	8519	8525	8531	8537	8543	8549	8555	8561	8567	6
72	8573	8579	8585	8591	8597	8603	8609	8615	8621	8627	6
73	8633	8639	8645	8651	8657	8663	8669	8675	8681	8686	6
74	8692	8698	8704	8710	8716	8722	8727	8733	8739	8745	6
75	8751	8756	8762	8768	8774	8779	8785	8791	8797	8802	6
76	8808	8814	8820	8825	8831	8837	8842	8848	8854	8859	6
77	8865	8871	8876	8882	8887	8893	8899	8904	8910	8915	6
78	8921	8927	8932	8938	8943	8949	8954	8960	8965	8971	5
79	8976	8982	8987	8993	8998	9004	9009	9015	9020	9025	6
80	9031	9036	9042	9047	9053	9058	9063	9069	9074	9079	6
81	9085	9090	9096	9101	9106	9112	9117	9122	9128	9133	5
82	9138	9143	9149	9154	9159	9165	9170	9175	9180	9186	5
83	9191	9196	9201	9206	9212	9217	9222	9227	9232	9238	5
84	9243	9248	9253	9258	9263	9269	9274	9279	9284	9289	5
85	9294	9299	9304	9309	9315	9320	9325	9330	9335	9340	5
86	9345	9350	9355	9360	9365	9370	9375	9380	9385	9390	5
87	9395	9400	9405	9410	9415	9420	9425	9430	9435	9440	5
88	9445	9450	9455	9460	9465	9469	9474	9479	9484	9489	5
89	9494	9499	9504	9509	9513	9518	9523	9528	9533	9538	4
90	9542	9547	9552	9557	9562	9566	9571	9576	9581	9586	4
91	9590	9595	9600	9605	9609	9614	9619	9624	9628	9633	5
92	9638	9643	9647	9652	9657	9661	9666	9671	9675	9680	5
93	9685	9689	9694	9699	9703	9708	9713	9717	9722	9727	4
94	9731	9736	9741	9745	9750	9754	9759	9763	9768	9773	4
95	9777	9782	9786	9791	9795	9800	9805	9809	9814	9818	5
96	9823	9827	9832	9836	9841	9845	9850	9854	9859	9863	5
97	9868	9872	9877	9881	9886	9890	9894	9899	9903	9908	4
98	9912	9917	9921	9926	9930	9934	9939	9943	9948	9952	4
99	9956	9961	9965	9969	9974	9978	9983	9987	9991	9996	4

Spalte D enthält die Differenz des letzten lg mit dem ersten der folgenden Zeile.

Grad	Sinus							
	0'	10'	20'	30'	40'	50'	60'	
0	0,0000	0,0029	0,0058	0,0087	0,0116	0,0145	0,0175	89
1	0,0175	0,0204	0,0233	0,0262	0,0291	0,0320	0,0349	88
2	0,0349	0,0378	0,0407	0,0436	0,0465	0,0494	0,0523	87
3	0,0523	0,0552	0,0581	0,0611	0,0640	0,0669	0,0698	86
4	0,0698	0,0727	0,0756	0,0785	0,0814	0,0843	0,0872	85
5	0,0872	0,0901	0,0930	0,0958	0,0987	0,1016	0,1045	84
6	0,1045	0,1074	0,1103	0,1132	0,1161	0,1190	0,1219	83
7	0,1219	0,1248	0,1276	0,1305	0,1334	0,1363	0,1392	82
8	0,1392	0,1421	0,1449	0,1478	0,1507	0,1536	0,1564	81
9	0,1564	0,1593	0,1622	0,1650	0,1679	0,1708	0,1736	**80**
10	0,1736	0,1765	0,1794	0,1822	0,1851	0,1880	0,1908	79
11	0,1908	0,1937	0,1965	0,1994	0,2022	0,2051	0,2079	78
12	0,2079	0,2108	0,2136	0,2164	0,2193	0,2221	0,2250	77
13	0,2250	0,2278	0,2306	0,2334	0,2363	0,2391	0,2419	76
14	0,2419	0,2447	0,2476	0,2504	0,2532	0,2560	0,2588	75
15	0,2588	0,2616	0,2644	0,2672	0,2700	0,2728	0,2756	74
16	0,2756	0,2784	0,2812	0,2840	0,2868	0,2896	0,2924	73
17	0,2924	0,2952	0,2979	0,3007	0,3035	0,3062	0,3090	72
18	0,3090	0,3118	0,3145	0,3173	0,3201	0,3228	0,3256	71
19	0,3256	0,3283	0,3311	0,3338	0,3365	0,3393	0,3420	**70**
20	0,3420	0,3448	0,3475	0,3502	0,3529	0,3557	0,3584	69
21	0,3584	0,3611	0,3638	0,3665	0,3692	0,3719	0,3746	68
22	0,3746	0,3773	0,3800	0,3827	0,3854	0,3881	0,3907	67
23	0,3907	0,3934	0,3961	0,3987	0,4014	0,4041	0,4067	66
24	0,4067	0,4094	0,4120	0,4147	0,4173	0,4200	0,4226	65
25	0,4226	0,4253	0,4279	0,4305	0,4331	0,4358	0,4384	64
26	0,4384	0,4410	0,4436	0,4462	0,4488	0,4514	0,4540	63
27	0,4540	0,4566	0,4592	0,4617	0,4643	0,4669	0,4695	62
28	0,4695	0,4720	0,4746	0,4772	0,4797	0,4823	0,4848	61
29	0,4848	0,4874	0,4899	0,4924	0,4950	0,4975	0,5000	**60**
30	0,5000	0,5025	0,5050	0,5075	0,5100	0,5125	0,5150	59
31	0,5150	0,5175	0,5200	0,5225	0,5250	0,5275	0,5299	58
32	0,5299	0,5324	0,5348	0,5373	0,5398	0,5422	0,5446	57
33	0,5446	0,5471	0,5495	0,5519	0,5544	0,5568	0,5592	56
34	0,5592	0,5616	0,5640	0,5664	0,5688	0,5712	0,5736	55
35	0,5736	0,5760	0,5783	0,5807	0,5831	0,5854	0,5878	54
36	0,5878	0,5901	0,5925	0,5948	0,5972	0,5995	0,6018	53
37	0,6018	0,6041	0,6065	0,6088	0,6111	0,6134	0,6157	52
38	0,6157	0,6180	0,6202	0,6225	0,6248	0,6271	0,6293	51
39	0,6293	0,6316	0,6338	0,6361	0,6383	0,6406	0,6428	**50**
40	0,6428	0,6450	0,6472	0,6494	0,6517	0,6539	0,6561	49
41	0,6561	0,6583	0,6604	0,6626	0,6648	0,6670	0,6691	48
42	0,6691	0,6713	0,6734	0,6756	0,6777	0,6799	0,6820	47
43	0,6820	0,6841	0,6862	0,6884	0,6905	0,6926	0,6947	46
44	0,6947	0,6967	0,6988	0,7009	0,7030	0,7050	0,7071	45
	60'	50'	40'	30'	20'	10'	0'	Grad

Cosinus

Grad	Cosinus							
	0′	10′	20′	30′	40′	50′	60′	
0	1,0000	1,0000	0,99998	0,99996	0,99993	0,99989	0,99985	89
1	0,99985	0,99979	0,99973	0,99966	0,9996	0,9995	0,9994	88
2	0,9994	0,9993	0,9992	0,9990	0,9989	0,9988	0,9986	87
3	0,9986	0,9985	0,9983	0,9981	0,9980	0,9978	0,9976	86
4	0,9976	0,9974	0,9971	0,9969	0,9967	0,9964	0,9962	85
5	0,9962	0,9959	0,9957	0,9954	0,9951	0,9948	0,9945	84
6	0,9945	0,9942	0,9939	0,9936	0,9932	0,9929	0,9925	83
7	0,9925	0,9922	0,9918	0,9914	0,9911	0,9907	0,9903	82
8	0,9903	0,9899	0,9894	0,9890	0,9886	0,9881	0,9877	81
9	0,9877	0,9872	0,9868	0,9863	0,9858	0,9853	0,9848	**80**
10	0,9848	0,9843	0,9838	0,9833	0,9827	0,9822	0,9816	79
11	0,9816	0,9811	0,9805	0,9799	0,9793	0,9787	0,9781	78
12	0,9781	0,9775	0,9769	0,9763	0,9757	0,9750	0,9744	77
13	0,9744	0,9737	0,9730	0,9724	0,9717	0,9710	0,9703	76
14	0,9703	0,9696	0,9689	0,9681	0,9674	0,9667	0,9659	75
15	0,9659	0,9652	0,9644	0,9636	0,9628	0,9621	0,9613	74
16	0,9613	0,9605	0,9596	0,9588	0,9580	0,9572	0,9563	73
17	0,9563	0,9555	0,9546	0,9537	0,9528	0,9520	0,9511	72
18	0,9511	0,9502	0,9492	0,9483	0,9474	0,9465	0,9455	71
19	0,9455	0,9446	0,9436	0,9426	0,9417	0,9407	0,9397	**70**
20	0,9397	0,9387	0,9377	0,9367	0,9356	0,9346	0,9336	69
21	0,9336	0,9325	0,9315	0,9304	0,9293	0,9283	0,9272	68
22	0,9272	0,9261	0,9250	0,9239	0,9228	0,9216	0,9205	67
23	0,9205	0,9194	0,9182	0,9171	0,9159	0,9147	0,9135	66
24	0,9135	0,9124	0,9112	0,9100	0,9088	0,9075	0,9063	65
25	0,9063	0,9051	0,9038	0,9026	0,9013	0,9001	0,8988	64
26	0,8988	0,8975	0,8962	0,8949	0,8936	0,8923	0,8910	63
27	0,8910	0,8897	0,8884	0,8870	0,8857	0,8843	0,8829	62
28	0,8829	0,8816	0,8802	0,8788	0,8774	0,8760	0,8746	61
29	0,8746	0,8732	0,8718	0,8704	0,8689	0,8675	0,8660	**60**
30	0,8660	0,8646	0,8631	0,8616	0,8601	0,8587	0,8572	59
31	0,8572	0,8557	0,8542	0,8526	0,8511	0,8496	0,8480	58
32	0,8480	0,8465	0,8450	0,8434	0,8418	0,8403	0,8387	57
33	0,8387	0,8371	0,8355	0,8339	0,8323	0,8307	0,8290	56
34	0,8290	0,8274	0,8258	0,8241	0,8225	0,8208	0,8192	55
35	0,8192	0,8175	0,8158	0,8141	0,8124	0,8107	0,8090	54
36	0,8090	0,8073	0,8056	0,8039	0,8021	0,8004	0,7986	53
37	0,7986	0,7969	0,7951	0,7934	0,7916	0,7898	0,7880	51
38	0,7880	0,7862	0,7844	0,7826	0,7808	0,7790	0,7771	52
39	0,7771	0,7753	0,7735	0,7716	0,7698	0,7679	0,7660	**50**
40	0,7660	0,7642	0,7623	0,7604	0,7585	0,7566	0,7547	49
41	0,7547	0,7528	0,7509	0,7490	0,7470	0,7451	0,7431	48
42	0,7431	0,7412	0,7392	0,7373	0,7353	0,7333	0,7314	47
43	0,7314	0,7294	0,7274	0,7254	0,7234	0,7214	0,7193	46
44	0,7193	0,7173	0,7153	0,7133	0,7112	0,7092	0,7071	45
	60′	50′	40′	30′	20′	10′	0′	Grad

Sinus

Grad	Tangens							
	0′	10′	20′	30′	40′	50′	60′	
0	0,0000	0,0029	0,0058	0,0087	0,0116	0,0146	0,0175	89
1	0,0175	0,0204	0,0233	0,0262	0,0291	0,0320	0,0349	88
2	0,0349	0,0378	0,0408	0,0437	0,0466	0,0495	0,0524	87
3	0,0524	0,0553	0,0582	0,0612	0,0641	0,0670	0,0699	86
4	0,0699	0,0729	0,0758	0,0787	0,0816	0,0846	0,0875	85
5	0,0875	0,0904	0,0934	0,0963	0,0992	0,1022	0,1051	84
6	0,1051	0,1080	0,1110	0,1139	0,1169	0,1198	0,1228	83
7	0,1228	0,1257	0,1287	0,1317	0,1346	0,1376	0,1405	82
8	0,1405	0,1435	0,1465	0,1495	0,1524	0,1554	0,1584	81
9	0,1584	0,1614	0,1644	0,1673	0,1703	0,1733	0,1763	**80**
10	0,1763	0,1793	0,1823	0,1853	0,1883	0,1914	0,1944	79
11	0,1944	0,1974	0,2004	0,2035	0,2065	0,2095	0,2126	78
12	0,2126	0,2156	0,2186	0,2217	0,2247	0,2278	0,2309	77
13	0,2309	0,2339	0,2370	0,2401	0,2432	0,2462	0,2493	76
14	0,2493	0,2524	0,2555	0,2586	0,2617	0,2648	0,2679	75
15	0,2679	0,2711	0,2742	0,2773	0,2805	0,2836	0,2867	74
16	0,2867	0,2899	0,2931	0,2962	0,2994	0,3026	0,3057	73
17	0,3057	0,3089	0,3121	0,3153	0,3185	0,3217	0,3249	72
18	0,3249	0,3281	0,3314	0,3346	0,3378	0,3411	0,3443	71
19	0,3443	0,3476	0,3508	0,3541	0,3574	0,3607	0,3640	**70**
20	0,3640	0,3673	0,3706	0,3739	0,3772	0,3805	0,3839	69
21	0,3839	0,3872	0,3906	0,3939	0,3973	0,4006	0,4040	68
22	0,4040	0,4074	0,4108	0,4142	0,4176	0,4210	0,4245	67
23	0,4245	0,4279	0,4314	0,4348	0,4383	0,4417	0,4452	66
24	0,4452	0,4487	0,4522	0,4557	0,4592	0,4628	0,4663	65
25	0,4663	0,4699	0,4734	0,4770	0,4806	0,4841	0,4877	64
26	0,4877	0,4913	0,4950	0,4986	0,5022	0,5059	0,5095	63
27	0,5095	0,5132	0,5169	0,5206	0,5243	0,5280	0,5317	62
28	0,5317	0,5354	0,5392	0,5430	0,5467	0,5505	0,5543	61
29	0,5543	0,5581	0,5619	0,5658	0,5696	0,5735	0,5774	**60**
30	0,5774	0,5812	0,5851	0,5890	0,5930	0,5969	0,6009	59
31	0,6009	0,6048	0,6088	0,6128	0,6168	0,6208	0,6249	58
32	0,6249	0,6289	0,6330	0,6371	0,6412	0,6453	0,6494	57
33	0,6494	0,6536	0,6577	0,6619	0,6661	0,6703	0,6745	56
34	0,6745	0,6787	0,6830	0,6873	0,6916	0,6959	0,7002	55
35	0,7002	0,7046	0,7089	0,7133	0,7177	0,7221	0,7265	54
36	0,7265	0,7310	0,7355	0,7400	0,7445	0,7490	0,7536	53
37	0,7536	0,7581	0,7627	0,7673	0,7720	0,7766	0,7813	52
38	0,7813	0,7860	0,7907	0,7954	0,8002	0,8050	0,8098	51
39	0,8098	0,8146	0,8195	0,8243	0,8292	0,8342	0,8391	**50**
40	0,8391	0,8441	0,8491	0,8541	0,8591	0,8642	0,8693	49
41	0,8693	0,8744	0,8796	0,8847	0,8899	0,8952	0,9004	48
42	0,9004	0,9057	0,9110	0,9163	0,9217	0,9271	0,9325	47
43	0,9325	0,9380	0,9435	0,9490	0,9545	0,9601	0,9657	46
44	0,9657	0,9713	0,9770	0,9827	0,9884	0,9942	1,0000	45
	60′	50′	40′	30′	20′	10′	0′	Grad
	Cotangens							

Grad	0′	10′	20′	30′	40′	50′	60′	
				Cotangens				
0	∞	343,7737	171,8854	114,5887	85,9398	68,7501	57,2900	89
1	57,2900	49,1039	42,9641	38,1885	34,3678	31,2416	28,6363	88
2	28,6363	26,4316	24,5418	22,9038	21,4704	20,2056	19,0811	87
3	19,0811	18,0750	17,1693	16,3499	15,6048	14,9244	14,3007	86
4	14,3007	13,7267	13,1969	12,7062	12,2505	11,8262	11,4301	85
5	11,4301	11,0594	10,7119	10,3854	10,0780	9,7882	9,5144	84
6	9,5144	9,2553	9,0098	8,7769	8,5556	8,3450	8,1444	83
7	8,1444	7,9530	7,7704	7,5958	7,4287	7,2687	7,1154	82
8	7,1154	6,9682	6,8269	6,6912	6,5606	6,4348	6,3138	81
9	6,3138	6,1970	6,0844	5,9758	5,8708	5,7694	5,6713	**80**
10	5,6713	5,5764	5,4845	5,3955	5,3093	5,2257	5,1446	79
11	5,1446	5,0658	4,9894	4,9152	4,8430	4,7729	4,7046	78
12	4,7046	4,6383	4,5736	4,5107	4,4494	4,3897	4,3315	77
13	4,3315	4,2747	4,2193	4,1653	4,1126	4,0611	4,0108	76
14	4,0108	3,9617	3,9136	3,8667	3,8208	3,7760	3,7321	75
15	3,7321	3,6891	3,6471	3,6059	3,5656	3,5261	3,4874	74
16	3,4874	3,4495	3,4124	3,3759	3,3402	3,3052	3,2709	73
17	3,2709	3,2371	3,2041	3,1716	3,1397	3,1084	3,0777	72
18	3,0777	3,0475	3,0178	2,9887	2,9600	2,9319	2,9042	71
19	2,9042	2,8770	2,8502	2,8239	2,7980	2,7725	2,7475	**70**
20	2,7475	2,7228	2,6985	2,6746	2,6511	2,6279	2,6051	69
21	2,6051	2,5826	2,5605	2,5387	2,5172	2,4960	2,4751	68
22	2,4751	2,4545	2,4342	2,4142	2,3945	2,3750	2,3559	67
23	2,3559	2,3369	2,3183	2,2998	2,2817	2,2637	2,2460	66
24	2,2460	2,2286	2,2113	2,1943	2,1775	2,1609	2,1445	65
25	2,1445	2,1283	2,1123	2,0965	2,0809	2,0655	2,0503	64
26	2,0503	2,0353	2,0204	2,0057	1,9912	1,9768	1,9626	63
27	1,9626	1,9486	1,9347	1,9210	1,9074	1,8940	1,8807	62
28	1,8807	1,8676	1,8546	1,8418	1,8291	1,8165	1,8041	61
29	1,8041	1,7917	1,7796	1,7675	1,7556	1,7438	1,7321	**60**
30	1,7321	1,7205	1,7090	1,6977	1,6864	1,6753	1,6643	59
31	1,6643	1,6534	1,6426	1,6319	1,6212	1,6107	1,6003	58
32	1,6003	1,5900	1,5798	1,5697	1,5597	1,5497	1,5399	57
33	1,5399	1,5301	1,5204	1,5108	1,5013	1,4919	1,4826	56
34	1,4826	1,4733	1,4641	1,4550	1,4460	1,4370	1,4281	55
35	1,4281	1,4193	1,4106	1,4019	1,3934	1,3848	1,3764	54
36	1,3764	1,3680	1,3597	1,3514	1,3432	1,3351	1,3270	53
37	1,3270	1,3190	1,3111	1,3032	1,2954	1,2876	1,2799	52
38	1,2799	1,2723	1,2647	1,2572	1,2497	1,2423	1,2349	51
39	1,2349	1,2276	1,2203	1,2131	1,2059	1,1988	1,1918	**50**
40	1,1918	1,1847	1,1778	1,1708	1,1640	1,1571	1,1504	49
41	1,1504	1,1436	1,1369	1,1303	1,1237	1,1171	1,1106	48
42	1,1106	1,1041	1,0977	1,0913	1,0850	1,0786	1,0724	47
43	1,0724	1,0661	1,0599	1,0538	1,0477	1,0416	1,0355	46
44	1,0355	1,0295	1,0235	1,0176	1,0117	1,0058	1,0000	45
	60′	50′	40′	30′	20′	10′	0′	Grad
				Tangens				

Centriwinkel in Grad	Bogenlänge arc φ	Bogenhöhe	Sehnenlänge	Inhalt des Kreisabschnittes	Centriwinkel in Grad	Bogenlänge arc φ	Bogenhöhe	Sehnenlänge	Inhalt des Kreisabschnittes
1	0,0175	0,0000	0,0175	0,00000	46	0,8029	0,0795	0,7815	0,0418
2	0,0349	0,0002	0,0349	0,00000	47	0,8203	0,0829	0,7975	0,0445
3	0,0524	0,0003	0,0524	0,00001	48	0,8378	0,0865	0,8135	0,0473
4	0,0698	0,0006	0,0698	0,00003	49	0,8552	0,0900	0,8294	0,0503
5	0,0873	0,0010	0,0872	0,00006	50	0,8727	0,0937	0,8452	0,0533
6	0,1047	0,0014	0,1047	0,00010	51	0,8901	0,0974	0,8610	0,0565
7	0,1222	0,0019	0,1221	0,00015	52	0,9076	0,1012	0,8767	0,0598
8	0,1396	0,0024	0,1395	0,0002	53	0,9250	0,1051	0,8924	0,0632
9	0,1571	0,0031	0,1569	0,0003	54	0,9425	0,1090	0,9080	0,0667
10	0,1745	0,0038	0,1743	0,0004	55	0,9599	0,1130	0,9235	0,0704
11	0,1920	0,0046	0,1917	0,0006	56	0,9774	0,1171	0,9389	0,0742
12	0,2094	0,0055	0,2091	0,0008	57	0,9948	0,1212	0,9543	0,0781
13	0,2269	0,0064	0,2264	0,0010	58	1,0123	0,1254	0,9696	0,0821
14	0,2443	0,0075	0,2437	0,0012	59	1,0297	0,1296	0,9848	0,0863
15	0,2618	0,0086	0,2611	0,0015	60	1,0472	0,1340	1,0000	0,0906
16	0,2793	0,0097	0,2783	0,0018	61	1,0647	0,1384	1,0151	0,0950
17	0,2967	0,0110	0,2956	0,0022	62	1,0821	0,1428	1,0301	0,0996
18	0,3142	0,0123	0,3129	0,0026	63	1,0996	0,1474	1,0450	0,1043
19	0,3316	0,0137	0,3301	0,0030	64	1,1170	0,1520	1,0598	0,1091
20	0,3491	0,0152	0,3473	0,0035	65	1,1345	0,1566	1,0746	0,1141
21	0,3665	0,0167	0,3645	0,0041	66	1,1519	0,1613	1,0893	0,1192
22	0,3840	0,0184	0,3816	0,0047	67	1,1694	0,1661	1,1039	0,1244
23	0,4014	0,0201	0,3987	0,0054	68	1,1868	0,1710	1,1184	0,1298
24	0,4189	0,0219	0,4158	0,0061	69	1,2043	0,1759	1,1328	0,1354
25	0,4363	0,0237	0,4329	0,0069	70	1,2217	0,1808	1,1472	0,1410
26	0,4538	0,0256	0,4499	0,0077	71	1,2392	0,1859	1,1614	0,1468
27	0,4712	0,0276	0,4669	0,0086	72	1,2566	0,1910	1,1756	0,1528
28	0,4887	0,0297	0,4838	0,0096	73	1,2741	0,1961	1,1896	0,1589
29	0,5061	0,0319	0,5008	0,0107	74	1,2915	0,2014	1,2036	0,1651
30	0,5236	0,0341	0,5176	0,0118	75	1,3090	0,2066	1,2175	0,1715
31	0,5411	0,0364	0,5345	0,0130	76	1,3265	0,2120	1,2313	0,1781
32	0,5585	0,0387	0,5512	0,0143	77	1,3439	0,2174	1,2450	0,1848
33	0,5760	0,0412	0,5680	0,0157	78	1,3614	0,2229	1,2586	0,1916
34	0,5934	0,0437	0,5847	0,0171	79	1,3788	0,2284	1,2722	0,1986
35	0,6109	0,0463	0,6014	0,0186	80	1,3963	0,2340	1,2856	0,2057
36	0,6283	0,0489	0,6180	0,0203	81	1,4137	0,2396	1,2989	0,2130
37	0,6458	0,0517	0,6346	0,0220	82	1,4312	0,2453	1,3121	0,2205
38	0,6632	0,0545	0,6511	0,0238	83	1,4486	0,2510	1,3252	0,2280
39	0,6807	0,0574	0,6676	0,0257	84	1,4661	0,2569	1,3383	0,2358
40	0,6981	0,0603	0,6840	0,0277	85	1,4835	0,2627	1,3512	0,2437
41	0,7156	0,0633	0,7004	0,0298	86	1,5010	0,2686	1,3640	0,2517
42	0,7330	0,0664	0,7167	0,0320	87	1,5184	0,2746	1,3767	0,2599
43	0,7505	0,0696	0,7330	0,0343	88	1,5359	0,2807	1,3893	0,2683
44	0,7679	0,0728	0,7492	0,0366	89	1,5533	0,2867	1,4018	0,2768
45	0,7854	0,0761	0,7654	0,0392	90	1,5708	0,2929	1,4142	0,2854

Ist r der Kreishalbmesser und φ der Centriwinkel in Grad, so ergibt sich:

1) die Sehnenlänge: $s = 2\,r\sin\dfrac{\varphi}{2}$;

2) die Bogenhöhe: $h = r\left(1 - \cos\dfrac{\varphi}{2}\right) = \dfrac{s}{2}\,\mathrm{tg}\,\dfrac{\varphi}{4} = 2\,r\sin^2\dfrac{\varphi}{4}$;

Centriwinkel in Grad	Bogenlänge arc φ	Bogenhöhe	Sehnenlänge	Inhalt des Kreisabschnittes	Centriwinkel in Grad	Bogenlänge arc φ	Bogenhöhe	Sehnenlänge	Inhalt des Kreisabschnittes
91	1,5882	0,2991	1,4265	0,2942	136	2,3736	0,6254	1,8544	0,8395
92	1,6057	0,3053	1,4387	0,3032	137	2,3911	0,6335	1,8608	0,8546
93	1,6232	0,3116	1,4507	0,3123	138	2,4086	0,6416	1,8672	0,8697
94	1,6406	0,3180	1,4627	0,3215	139	2,4260	0,6498	1,8733	0,8850
95	1,6580	0,3244	1,4746	0,3309	140	2,4435	0,6580	1,8794	0,9003
96	1,6755	0,3309	1,4863	0,3405	141	2,4609	0,6662	1,8853	0,9158
97	1,6930	0,3374	1,4979	0,3502	142	2,4784	0,6744	1,8910	0,9314
98	1,7104	0,3439	1,5094	0,3601	143	2,4958	0,6827	1,8966	0,9470
99	1,7279	0,3506	1,5208	0,3701	144	2,5133	0,6910	1,9021	0,9627
100	1,7453	0,3572	1,5321	0,3803	145	2,5307	0,6993	1,9074	0,9786
101	1,7628	0,3639	1,5432	0,3906	146	2,5482	0,7076	1,9126	0,9945
102	1,7802	0,3707	1,5543	0,4010	147	2,5656	0,7160	1,9176	1,0105
103	1,7977	0,3775	1,5652	0,4117	148	2,5831	0,7244	1,9225	1,0266
104	1,8151	0,3843	1,5760	0,4224	149	2,6005	0,7328	1,9273	1,0428
105	1,8326	0,3912	1,5867	0,4333	150	2,6180	0,7412	1,9319	1,0590
106	1,8500	0,3982	1,5973	0,4444	151	2,6354	0,7496	1,9363	1,0753
107	1,8675	0,4052	1,6077	0,4556	152	2,6529	0,7581	1,9406	1,0917
108	1,8850	0,4122	1,6180	0,4670	153	2,6704	0,7666	1,9447	1,1082
109	1,9024	0,4193	1,6282	0,4784	154	2,6878	0,7750	1,9487	1,1247
110	1,9199	0,4264	1,6383	0,4901	155	2,7053	0,7836	1,9526	1,1413
111	1,9373	0,4336	1,6483	0,5019	156	2,7227	0,7921	1,9563	1,1580
112	1,9548	0,4408	1,6581	0,5138	157	2,7402	0,8006	1,9598	1,1747
113	1,9722	0,4481	1,6678	0,5259	158	2,7576	0,8092	1,9633	1,1915
114	1,9897	0,4554	1,6773	0,5381	159	2,7751	0,8178	1,9665	1,2084
115	2,0071	0,4627	1,6868	0,5504	160	2,7925	0,8264	1,9696	1,2253
116	2,0246	0,4701	1,6961	0,5629	161	2,8100	0,8350	1,9726	1,2422
117	2,0420	0,4775	1,7053	0,5755	162	2,8274	0,8436	1,9754	1,2592
118	2,0595	0,4850	1,7143	0,5883	163	2,8449	0,8522	1,9780	1,2763
119	2,0769	0,4925	1,7233	0,6012	164	2,8623	0,8608	1,9805	1,2934
120	2,0944	0,5000	1,7321	0,6142	165	2,8798	0,8695	1,9829	1,3105
121	2,1118	0,5076	1,7407	0,6273	166	2,8972	0,8781	1,9851	1,3277
122	2,1293	0,5152	1,7492	0,6406	167	2,9147	0,8868	1,9871	1,3449
123	2,1468	0,5228	1,7576	0,6540	168	2,9322	0,8955	1,9890	1,3621
124	2,1642	0,5305	1,7659	0,6676	169	2,9496	0,9042	1,9908	1,3794
125	2,1817	0,5383	1,7740	0,6813	170	2,9671	0,9128	1,9924	1,3967
126	2,1991	0,5460	1,7820	0,6951	171	2,9845	0,9215	1,9938	1,4140
127	2,2166	0,5538	1,7899	0,7090	172	3,0020	0,9302	1,9951	1,4314
128	2,2340	0,5616	1,7976	0,7230	173	3,0194	0,9390	1,9963	1,4488
129	2,2515	0,5695	1,8052	0,7372	174	3,0369	0,9477	1,9973	1,4662
130	2,2689	0,5774	1,8126	0,7514	175	3,0543	0,9564	1,9981	1,4836
131	2,2864	0,5853	1,8199	0,7658	176	3,0718	0,9651	1,9988	1,5010
132	2,3038	0,5933	1,8271	0,7803	177	3,0892	0,9738	1,9993	1,5185
133	2,3213	0,6013	1,8341	0,7950	178	3,1067	0,9825	1,9997	1,5359
134	2,3387	0,6093	1,8410	0,8097	179	3,1241	0,9913	1,9999	1,5533
135	2,3562	0,6173	1,8478	0,8245	180	3,1416	1,0000	2,0000	1,5708

3) die Bogenlänge: $l = \pi r \dfrac{\varphi}{180} = 0{,}0175\, r\varphi = \sqrt{s^2 + \dfrac{16}{3} h^2}$ (angenähert);

4) der Inhalt des Kreisabschnittes $= \dfrac{r^2}{2}\left(\dfrac{\pi}{180}\varphi - \sin\varphi\right)$;

5) „   „   „   Kreisausschnittes $= \dfrac{\varphi}{360}\pi r^2 = 0{,}0087\,\varphi r^2$.

E. Tafel der Hyperbelfunktionen[1]).

$\mathfrak{Sin}\,\varphi$ für $\varphi = 0$ bis $\varphi = 5,99$.

φ	0	1	2	3	4	5	6	7	8	9	D
0,0	0,0000	0100	0200	0300	0400	0500	0600	0701	0801	0901	101
0,1	0,1002	1102	1203	1304	1405	1506	1607	1708	1810	1911	102
0,2	0,2013	2115	2218	2320	2423	2526	2629	2733	2837	2941	104
0,3	0,3045	3150	3255	3360	3466	3572	3678	3785	3892	4000	108
0,4	0,4108	4216	4325	4434	4543	4653	4764	4875	4987	5098	113
0,5	0,5211	5324	5438	5552	5666	5782	5897	6014	6131	6248	119
0,6	0,6367	6485	6605	6725	6846	6968	7090	7213	7336	7461	125
0,7	0,7586	7712	7838	7966	8094	8223	8353	8484	8615	8748	133
0,8	0,8881	9015	9150	9286	9423	9561	9700	9840	9981	*0122	143
0,9	1,0265	0409	0554	0700	0847	0995	1144	1294	1446	1598	154
1,0	1,1752	1907	2063	2220	2379	2539	2700	2862	3025	3190	167
1,1	1,3357	3524	3693	3863	4035	4208	4382	4558	4736	4914	181
1,2	1,5095	5276	5460	5645	5831	6019	6209	6400	6593	6788	196
1,3	1,6984	7182	7381	7583	7786	7991	8198	8406	8617	8829	214
1,4	1,9043	9259	9477	9697	9919	*0143	*0369	*0597	*0827	*1059	234
1,5	2,1293	1529	1768	2008	2251	2496	2743	2993	3245	3499	257
1,6	2,3756	4015	4276	4540	4806	5075	5346	5620	5896	6175	281
1,7	2,6456	6741	7027	7317	7609	7904	8202	8503	8806	9113	309
1,8	2,9422	9734	*0049	*0367	*0689	*1013	*1340	*1671	*2005	*2342	340
1,9	3,2682	3025	3372	3722	4075	4432	4792	5156	5523	5894	375
2,0	3,6269	6647	7028	7414	7803	8196	8593	8993	9398	9806	413
2,1	4,0219	0635	1056	1480	1909	2342	2779	3221	3666	4117	454
2,2	4,4571	5030	5494	5962	6434	6912	7394	7880	8372	8868	502
2,3	4,9370	9876	*0387	*0903	*1425	*1951	*2483	*3020	*3562	*4109	553
2,4	5,4662	5221	5785	6354	6929	7510	8097	8689	9288	9892	610
2,5	6,0502	1118	1741	2369	3004	3645	4293	4946	5607	6274	673
2,6	6,6947	7628	8315	9009	9709	*0417	*1132	*1854	*2583	*3319	744
2,7	7,4063	4814	5572	6338	7112	7894	8683	9480	*0285	*1098	821
2,8	8,1919	2749	3586	4432	5287	6150	7021	7902	8791	9689	907
2,9	9,0596	1512	2437	3371	4315	5268	6231	7203	8185	9177	1002
3,0	10 0179	1191	2212	3245	4287	5340	6403	7477	8562	9658	1107
3,1	11,0765	1882	3011	4151	5303	6466	7641	8827	*0026	*1236	1223
3,2	12,2459	3694	4941	6201	7473	8758	*0056	*1367	*2691	*4028	1351
3,3	13,5379	6743	8121	9513	*0919	*2338	*3772	*5221	*6684	*8161	1493
3,4	14,965	15,116	15,268	15,422	15,577	15,734	15,893	16,053	16,214	16,378	165
3,5	16,543	16,709	16,877	17,047	17,219	17,392	17,567	17,744	17,923	18,103	182
3,6	18,285	18,470	18,655	18,843	19,033	19,224	19,418	19,613	19,811	20,010	201
3,7	20,211	20,415	20,620	20,828	21,037	21,249	21,463	21,679	21,897	22,117	222
3,8	22,339	22,564	22 791	23,020	23,252	23,486	23,722	23,961	24,202	24,445	246
3,9	24,691	24,939	25,190	25,444	25,700	25,958	26,219	26,483	26,749	27,018	272
4,0	27,290	27,564	27,842	28,122	28,404	28,690	28,979	29,270	29,564	29,862	300
4,1	30,162	30,465	30,772	31,081	31,393	31,709	32,028	32,350	32,675	33,004	332
4,2	33,336	33,671	34,009	34,351	34,697	35,046	35,398	35,754	36,113	36,476	367
4,3	36,843	37,214	37,588	37,966	38,347	38,733	39,122	39,515	39,913	40,314	405
4,4	40,719	41,129	41,542	41,960	42,382	42,808	43,238	43,673	44,112	44,555	448
4,5	45,003	45,455	45,912	46,374	46,840	47,311	47,787	48,267	48,752	49,242	495
4,6	49,737	50,237	50,742	51,252	51,767	52,288	52,813	53,344	53,880	54,422	547
4,7	54,969	55,522	56,080	56,643	57,213	57,788	58,369	58,955	59,548	60,147	604
4,8	60,751	61,362	61,979	62,601	63,231	63,866	64,508	65,157	65,812	66,473	668
4,9	67,141	67,816	68,498	69,186	69,882	70,584	71,293	72,010	72,734	73,465	738
5,0	74,203	74,949	75,702	76,463	77,232	78,008	78,792	79,584	80,384	81,192	816
5,1	82,008	82,832	83,665	84,506	85,355	86,213	87,079	87,955	88,839	89,732	901
5,2	90,633	91,544	92,464	93,394	94,332	95,281	96,238	97 205	98,182	99,169	997
5,3	100,166	101,173	102,189	103,217	104,254	105,302	1 06,360	107,429	108,509	109,599	1102
5,4	110,701	111,814	112,938	114,072	115,219	116,377	117,547	118,728	119,921	121,127	1217
5,5	122,344	123,574	124,816	126,070	127,337	128,617	129,910	131,215	132,534	133,866	1345
5,6	135,211	136,570	137,943	139,329	140,730	142,144	143,573	145,016	146,473	147,945	1487
5,7	149,432	150,934	152,451	153,983	155,531	157,094	158,673	160,267	161,878	163,505	1643
5,8	165,148	166,808	168,485	170,178	171,888	173,616	175,361	177,123	178,903	180,701	1816
5,9	182,517	184,352	186,205	188,076	189 966	191,875	193,804	195,752	197,719	199,706	2007

[1]) Ausführlichere Tabellen siehe u. a.: Ligowski: Tafeln der Hyperbelfunktionen usw. Berlin: W. Ernst & Sohn 1890; Hayashi, Dr.-Ing.: Fünfstellige Tafeln usw. Berlin: Verein. wiss. Verleger 1921.

Cof φ für φ = 0 bis φ = 5,99.

φ	0	1	2	3	4	5	6	7	8	9	D
0,0	1,0000	0001	0002	0005	0008	0013	0018	0025	0032	0041	9
0,1	1,0050	0061	0072	0085	0098	0113	0128	0145	0162	0181	20
0,2	1,0201	0221	0243	0266	0289	0314	0340	0367	0395	0424	29
0,3	1,0453	0484	0516	0550	0584	0619	0655	0692	0731	0770	41
0,4	1,0811	0852	0895	0939	0984	1030	1077	1125	1174	1225	51
0,5	1,1276	1329	1383	1438	1494	1551	1609	1669	1730	1792	63
0,6	1,1855	1919	1984	2051	2119	2188	2258	2330	2403	2477	75
0,7	1,2552	2628	2706	2785	2865	2947	3030	3114	3199	3286	88
0,8	1,3374	3464	3555	3647	3740	3835	3932	4029	4128	4229	102
0,9	1,4331	4434	4539	4645	4753	4862	4973	5085	5199	5314	117
1,0	1,5431	5549	5669	5790	5913	6038	6164	6292	6421	6553	132
1,1	1,6685	6820	6956	7093	7233	7374	7517	7662	7808	7957	150
1,2	1,8107	8258	8412	8568	8725	8884	9045	9208	9373	9540	169
1,3	1,9709	9880	*0053	*0228	*0404	*0583	*0764	*0947	*1132	*1320	189
1,4	2,1509	1700	1894	2090	2288	2488	2691	2896	3103	3312	212
1,5	2,3524	3738	3955	4174	4395	4619	4845	5074	5305	5538	237
1,6	2,5775	6014	6255	6499	6746	6995	7247	7502	7760	8020	263
1,7	2,8283	8549	8818	9090	9364	9642	9922	*0206	*0493	*0782	293
1,8	3,1075	1371	1669	1972	2277	2585	2897	3212	3531	3852	325
1,9	3,4177	4506	4838	5173	5512	5855	6201	6551	6904	7261	361
2,0	3,7622	7987	8355	8727	9103	9483	9867	*0255	*0647	*1043	400
2,1	4,1443	1847	2256	2669	3086	3507	3932	4362	4797	5236	443
2,2	4,5679	6127	6580	7037	7499	7966	8437	8914	9395	9881	491
2,3	5,0372	0868	1370	1876	2388	2905	3427	3954	4487	5026	544
2,4	5,5570	6119	6674	7235	7801	8373	8951	9535	*0125	*0721	602
2,5	6,1323	1931	2545	3166	3793	4426	5066	5712	6365	7024	666
2,6	6,7690	8363	9043	9729	*0423	*1123	*1831	*2546	*3268	*3998	737
2,7	7,4735	5479	6231	6990	7758	8533	9316	*0107	*0905	*1712	815
2,8	8,2527	3351	4182	5022	5871	6728	7594	8469	9352	*0244	902
2,9	9,1146	2056	2976	3905	4844	5792	6749	7716	8693	9680	997
3,0	10,0677	1684	2701	3728	4765	5814	6872	7942	9022	*0113	1102
3,1	11,1215	2328	3453	4589	5736	6895	8065	9247	*0442	*1648	1219
3,2	12,2867	4097	5340	6596	7864	9146	*0440	*1747	*3067	*4401	1347
3,3	13,5748	7108	8483	9871	*1273	*2689	*4120	*5565	*7024	*8498	1489
3,4	14,999	15,149	15,301	15,455	15,610	15,766	15,924	16,084	16,245	16,408	165
3,5	16,573	16,739	16 907	17,077	17,248	17,421	17,596	17,772	17,951	18,131	182
3,6	18,313	18,497	18,682	18,870	19,059	19,250	19,444	19,639	19,836	20,035	201
3,7	20,236	20,439	20,644	20,852	21,061	21,272	21,486	21,702	21,919	22,140	222
3,8	22,362	22,586	22,813	23,042	23,273	23,507	23,743	23,982	24,222	24,466	245
3,9	24,711	24,960	25,210	25,463	25,719	25,977	26,238	26,502	26,768	27,037	271
4,0	27,308	27,583	27,860	28,139	28,422	28,707	28,996	29,287	29,581	29,878	300
4,1	30,178	30,482	30,788	31,097	31,409	31,725	32,044	32,365	32,691	33,019	332
4,2	33,351	33,686	34,024	34,366	34,711	35,060	35,412	35,768	36,127	36,490	367
4,3	36,857	37,227	37,601	37,979	38,360	38,746	39,135	39,528	39,925	40,326	406
4,4	40,732	41,141	41,554	41,972	42,393	42,819	43,250	43,684	44,123	44,566	448
4,5	45,014	45,466	45,923	46,385	46,851	47,321	47,797	48,277	48,762	49,252	495
4,6	49,747	50,247	50,752	51,262	51,777	52,297	52,823	53,354	53,890	54,431	547
4,7	54,978	55,531	56,089	56,652	57,221	57,796	58,377	58,964	59,556	60,155	604
4,8	60,759	61,370	61,987	62,609	63,239	63,874	64,516	65,164	65,819	66,481	668
4,9	67,149	67,823	68,505	69,193	69,889	70,591	71,300	72,017	72,741	73,472	738
5,0	74,210	74,956	75,709	76,470	77,238	78,014	78,798	79,590	80,390	81,198	816
5,1	82,014	82,838	83,671	84,512	85,361	86,219	87,085	87,960	88,844	89,737	902
5,2	90,639	91,550	92,470	93,399	94,338	95,286	96,243	97,211	98,187	99,174	997
5,3	100,171	101,178	102,194	103,221	104,259	105,307	106,365	107,434	108,513	109,604	1102
5,4	110,706	111,818	112,942	114,077	115,223	116,381	117,551	118,732	119,925	121,131	1217
5,5	122,348	123,578	124,820	126,074	127,341	128,621	129,913	131,219	132,538	133,870	1345
5,6	135,215	136,574	137,947	139,333	140,733	142,147	143,576	145,019	146,476	147,949	1486
5,7	149,435	150,937	152,454	153,986	155,534	157,097	158,676	160,270	161,881	163,508	1643
5,8	165,151	166,811	168,488	170,181	171,891	173,619	175,364	177,126	178,906	180 704	1816
5,9	182,520	184,354	186,207	188,079	189,969	191,878	193,806	195,754	197,721	199 709	2007

$\mathfrak{Tg}\,\varphi$ für $\varphi = 0$ bis $\varphi = 2{,}89$.

φ	0	1	2	3	4	5	6	7	8	9	D
0,0	0,0000	0100	0200	0300	0400	0500	0599	0699	0798	0898	99
0,1	0,0997	1096	1194	1293	1391	1489	1587	1684	1781	1878	96
0,2	0,1974	2070	2165	2260	2355	2449	2543	2636	2729	2821	92
0,3	0,2913	3004	3095	3185	3275	3364	3452	3540	3627	3714	86
0,4	0,3800	3885	3969	4053	4136	4219	4301	4382	4462	4542	79
0,5	0,4621	4700	4777	4854	4930	5005	5080	5154	5227	5299	71
0,6	0,5371	5441	5511	5581	5649	5717	5784	5850	5915	5980	64
0,7	0,6044	6107	6169	6231	6291	6352	6411	6469	6527	6584	56
0,8	0,6640	6696	6751	6805	6858	6911	6963	7014	7064	7114	49
0,9	0,7163	7211	7259	7306	7352	7398	7443	7487	7531	7574	42
1,0	0,7616	7658	7699	7739	7779	7818	7857	7895	7932	7969	36
1,1	0,8005	8041	8076	8110	8144	8178	8210	8243	8275	8306	31
1,2	0,8337	8367	8397	8426	8455	8483	8511	8538	8565	8591	26
1,3	0,8617	8643	8668	8693	8717	8741	8764	8787	8810	8832	22
1,4	0,8854	8875	8896	8917	8937	8957	8977	8996	9015	9033	19
1,5	0,9052	9069	9087	9104	9121	9138	9154	9170	9186	9202	15
1,6	0,9217	9232	9246	9261	9275	9289	9302	9316	9329	9342	12
1,7	0,9354	9367	9379	9391	9402	9414	9425	9436	9447	9458	10
1,8	0,9468	9478	9488	9498	9508	9518	9527	9536	9545	9554	8
1,9	0,9562	9571	9579	9587	9595	9603	9611	9619	9626	9633	7
2,0	0,9640	9647	9654	9661	• 9668	9674	9680	9687	9693	9699	6
2,1	0,9705	9710	9716	9722	9727	9732	9738	9743	9748	9753	4
2,2	0,9757	9762	9767	9771	9776	9780	9785	9789	9793	9797	4
2,3	0,9801	9805	9809	9812	9816	9820	9823	9827	9830	9834	3
2,4	0,9837	9840	9843	9846	9849	9852	9855	9858	9861	9864	2
2,5	0,9866	9869	9871	9874	9876	9879	9881	9884	9886	9888	2
2,6	0,9890	9892	9895	9897	9899	9901	9903	9905	9906	9908	2
2,7	0,9910	9912	9914	9915	9917	9919	9920	9922	9923	9925	1
2,8	0,9926	9928	9929	9931	9932	9933	9935	9936	9937	9938	2

F. e^x und e^{-x} für $x = 0$ bis $x = 7$.

x	e^x	e^{-x}	x	e^x	e^{-x}	x	e^x	e^{-x}
0,00	1,0000	1,0000	0,20	1,2214	0,8187	0,40	1,4918	0,6703
01	1,0101	0,9901	21	1,2337	0,8106	41	1,5068	0,6637
02	1,0202	0,9802	22	1,2461	0,8025	42	1,5220	0,6571
03	1,0305	0,9705	23	1,2586	0,7945	43	1,5373	0,6505
04	1,0408	0,9608	24	1,2713	0,7866	44	1,5527	0,6440
05	1,0513	0,9512	25	1,2840	0,7788	45	1,5683	0,6376
06	1,0618	0,9418	26	1,2969	0,7711	46	1,5841	0,6313
07	1,0725	0,9324	27	1,3100	0,7634	47	1,6000	0,6250
08	1,0833	0,9231	28	1,3231	0,7558	48	1,6161	0,6188
09	1,0942	0,9139	29	1,3364	0,7483	49	1,6323	0,6126
0,10	1,1052	0,9048	0,30	1,3499	0,7408	0,50	1,6487	0,6065
11	1,1163	0,8958	31	1,3634	0,7335	51	1,6653	0,6005
12	1,1275	0,8869	32	1,3771	0,7262	52	1,6820	0,5945
13	1,1388	0,8781	33	1,3910	0,7189	53	1,6989	0,5886
14	1,1503	0,8694	34	1,4050	0,7118	54	1,7160	0,5828
15	1,1618	0,8607	35	1,4191	0,7047	55	1,7333	0,5770
16	1,1735	0,8521	36	1,4333	0,6977	56	1,7507	0,5712
17	1,1853	0,8437	37	1,4477	0,6907	57	1,7683	0,5655
18	1,1972	0,8353	38	1,4623	0,6839	58	1,7860	0,5599
19	1,2093	0,8270	39	1,4770	0,6771	59	1,8040	0,5543
0,20	1,2214	0,8187	0,40	1,4918	0,6703	0,60	1,8221	0,5488

x	e^x	e^{-x}	x	e^x	e^{-x}	x	e^x	e^{-x}
0,60	1,8221	0,5488	1,10	3,0042	0,3329	2,00	7,3891	0,1353
61	1,8404	0,5434	11	3,0344	0,3296	10	8,1662	0,1225
62	1,8589	0,5379	12	3,0649	0,3263	20	9,0250	0,1108
63	1,8776	0,5326	13	3,0957	0,3230	30	9,9742	0,1003
64	1,8965	0,5273	14	3,1268	0,3198	40	11,0232	0,0907
65	1,9155	0,5221	15	3,1582	0,3166	50	12,1825	0,0821
66	1,9348	0,5169	16	3,1899	0,3135	60	13,4637	0,0743
67	1,9542	0,5117	17	3,2220	0,3104	70	14,8797	0,0672
68	1,9739	0,5066	18	3,2544	0,3073	80	16,4447	0,0608
69	1,9937	0,5016	19	3,2871	0,3042	90	18,1742	0,0550
0,70	2,0138	0,4966	1,20	3,3201	0,3012	3,00	20,0855	0,0498
71	2,0340	0,4916	21	3,3535	0,2982	10	22,1980	0,0451
72	2,0544	0,4868	22	3,3872	0,2952	20	24,5325	0,0408
73	2,0751	0,4819	23	3,4212	0,2923	30	27,1126	0,0369
74	2,0959	0,4771	24	3,4556	0,2894	40	29,9641	0,0334
75	2,1170	0,4724	25	3,4903	0,2865	50	33,1155	0,0302
76	2,1383	0,4677	26	3,5254	0,2837	60	36,5982	0,0273
77	2,1598	0,4630	27	3,5609	0,2808	70	40,4473	0,0247
78	2,1815	0,4584	28	3,5966	0,2780	80	44,7012	0,0224
79	2,2034	0,4538	29	3,6328	0,2753	90	49,4025	0,0202
0,80	2,2255	0,4493	1,30	3,6693·	0,2725	4,00	54,5982	0,0183
81	2,2479	0,4449	31	3,7062	0,2698	10	60,3403	0,0166
82	2,2705	0,4404	32	3,7434	0,2671	20	66,6863	0,0150
83	2,2933	0,4361	33	3,7810	0,2645	30	73,6998	0,0136
84	2,3164	0,4317	34	3,8190	0,2619	40	81,4509	0,0123
85	2,3397	0,4274	35	3,8574	0,2592	50	90,0171	0,0111
86	2,3632	0,4232	36	3,8962	0,2567	60	99,4843	0,0101
87	2,3869	0,4190	37	3,9354	0,2541	70	109,9472	0,0091
88	2,4109	0,4148	38	3,9749	0,2516	80	121,5104	0,0082
89	2,4351	0,4107	39	4,0149	0,2491	90	134,2898	0,0075
0,90	2,4596	0,4066	1,40	4,0552	0,2466	5,00	148,4132	0,0067
91	2,4843	0,4025	41	4,0960	0,2441	10	164,0219	0,0061
92	2,5093	0,3985	42	4,1371	0,2417	20	181,2722	0,0055
93	2,5345	0,3946	43	4,1787	0,2393	30	200,3368	0,0050
94	2,5600	0,3906	44	4,2207	0,2369	40	221,4064	0,0045
95	2,5857	0,3867	45	4,2631	0,2346	50	244,6919	0,0041
96	2,6117	0,3829	46	4,3060	0,2322	60	270,4264	0,0037
97	2,6379	0,3791	47	4,3492	0,2299	70	298,8674	0,0034
98	2,6645	0,3153	48	4,3930	0,2276	80	330,2996	0,0030
99	2,6912	0,3716	49	4,4371	0,2254	90	365,0375	0,0027
1,00	2,7183	0,3679	1,50	4,4817	0,2231	6,00	403,4288	0,0025
01	2,7456	0,3642	55	4,7115	0,2123	10	445,8578	0,0022
02	2,7732	0,3606	60	4,9530	0,2019	20	492,7490	0,0020
03	2,8011	0,3570	65	5,2070	0,1921	30	544,5719	0,0018
04	2,8292	0,3535	70	5,4740	0,1827	40	601,8450	0,0017
05	2,8577	0,3499	75	5,7546	0,1738	50	665,1416	0,0015
06	2,8864	0,3465	80	6,0497	0,1653	60	735,0952	0,0014
07	2,9154	0,3430	85	6,3598	0,1572	70	812,4058	0,0012
08	2,9447	0,3396	90	6,6859	0,1496	80	897,8473	0,0011
09	2,9743	0,3362	95	7,0287	0,1423	90	992,2747	0,0010
1,10	3,0042	0,3329	2,00	7,3891	0,1353	7,00	1096,6332	0,0009

G. Wichtige Zahlenwerte.

Größe	n	$\lg n$	Größe	n	$\lg n$	Größe	n	$\lg n$
π	3,1415..	0,4972	$1:\pi$	0,3183	0,5029—1	$\sqrt[3]{e}$	1,3956	0,1448
$\pi:2$	1,5708	0,1961	$\sqrt{\pi}$	1,7725	0,2486	g	9,81	0,9917
$\pi:3$	1,0472	0,0200	$\sqrt[3]{\pi}$	1,4646	0,1657	g^2	96,2361	1,9833
$\pi:4$	0,7854	0,8951—1	e	2,7182..	0,4343	$\sqrt{g}$	3,1321	0,4958
π^2	9,8696	0,9943	$1:e$	0,3679	0,5657—1	$1:2g$	0,0510	0,7083—2
π^3	31,0063	1,4915	$\sqrt{e}$	1,6487	0,2172	$\sqrt{2g}$	4,4294	0,6464

Zweiter Abschnitt: Mechanik.

Reibungszahlen der Haftreibung und der gleitenden Reibung.

Reibende Körper	Reibungszahlen der					
	Haftreibung (Ruhe) μ_0			gleitenden Reibung (Bewegung) μ		
	trocken	geschmiert	mit Wasser	trocken	geschmiert	mit Wasser
Eiche auf Eiche = [1] . .	0,62	0,44[2]	—	0,48	0,16[2]	—
„ „ „ + [1] . .	0,54	—	0,71	0,34	—	0,25
„ „ „ $\perp$ [1] . .	0,43	—	—	0,19	—	—
„ „ Holz = . . .	0,53	—	—	0,38	0,15÷0,10	—
„ „ Messing = . .	0,62	—	—	—	—	—
Schmiedeeisen auf Eiche =	—	0,11 Talk	0,65	0,5÷0,4	0,08 Talk	0,26
„ auf Schmiedeeisen .	—	—	0,11	0,44	0,10÷0,08	—
„ „ Stahl	—	—	—	0,21÷0,11	—	—
„ „ Gußeisen . . ⎱	0,19	—	—	0,18	0,08÷0,07	—
„ „ Bronze . . . ⎰						
Stahl auf Stahl	0,15	0,12÷0,11 Flächendruck bis 0,1 kg/cm²	—	0,09÷0,03	—	—
Gußeisen auf Eiche = . .	—	—	0,65	0,49	0,19[2]	0,22
„ „ Stahl . . .	0,33	—	—	0,27÷0,13	—	—
„ „ Gußeisen .	—	—	—	—	0,19[2]	0,31
„ „ Bronze . .	—	—	—	0,22	0,08÷0,07	0,31
Bronze auf Eiche	0,62	—	—	0,30	—	—
„ „ Bronze . . .	—	0,11	—	0,20	0,06	0,10
Rindsleder (flach) auf Eiche	0,61	—	—	0,5÷0,3	—	—
„ (hochkant) „ „	0,43	—	0,79	0,33	—	0,29
„ auf Gußeisen .	0,5÷0,3	0,12	0,6÷0,4	0,56	0,15	0,36
„ (flach) auf Kolbenliderung	—	0,12 Öl, Seife	0,62	0,56	0,15 Öl, Seife	0,36
Lederriemen (flach) auf Gußeisen	0,28	0,12	0,38	0,56	—	0,36
Hanfseil auf rauhem Holz.	0,50	—	—	0,50	—	—
„ „ poliertem „	0,33	—	—	—	—	—
„ „ Eiche = . .	0,80	—	—	0,52	—	—
Eiche, Weißbuche u. Packholz auf poliertem Messing = ...	—	—	0,53	0,30	0,06	0,10

Lineare Ausdehnungskoeffizienten (bei mittleren Temperaturen).

Aluminium	0,000 024	Kupfer	0,000 015
Bronze	0,000 018	Glas (mittel)	0,000 007
Schmiedeisen u. Stahl	0,000 012	Porzellan	0,000 003
Gußeisen	0,000 010 4	Quarzglas	0,000 000 5

Spezifische Wärme einiger fester und flüssiger Körper zwischen 0 und 100° C.

Aluminium . . .	0,22	Asche	0,20	Ammoniak . . .	1,00
Blei	0,031	Beton	0,21	Glyzerin	0,58
Gold	0,032	Eis	0,50	Maschinenöl . . .	0,40
Konstantan . .	0,098	Glas	0,20	Petroleum	0,50
Kupfer	0,094	Graphit	0,21	Schwefelsäure . .	0,33
Magnesium . . .	0,25	Holz (Eiche) . .	0,57	Schweflige Säure .	0,32
Messing	0,092	Holz (Fichte) . .	0,65	Wasser	1,00
Nickel	0,110	Holzkohle . . .	0,17	Kork	0,49
Platin	0,031	Koks	0,20	Kork, expandiert .	0,33
Quecksilber . . .	0,033	Sandstein . . .	0,22	Hochofenschlacke .	0,18
Eisen u. Stahl .	0,110	Steinkohle . . .	0,31	Kieselgur	0,21
Silber	0,056	Ziegelsteine . .	0,22	Torf	0,45
Zink	0,09	Äther	0,54		
Zinn	0,06	Alkohol	0,58		

[1] = bedeutet, daß die Bewegung in der Richtung der Fasern beider Körper, +, daß sie senkrecht gegen die Faser des gleitenden Körpers erfolgt, $\perp$, daß Hirnholz auf Langholz in Faserrichtung des Langholzes reibt.

[2] Geschmiert mit trockener Seife.

Schmelz- und Gefrierpunkte einiger Körper bei 760 mm Q.-S.

Alkohol, absolut	—110° C	Stahl	1300—1400° C	Porzellan	1550° C
Aluminium	657° C	Gußeisen	1130—1200° C	Quecksilber	—38,89° C
Ammoniak	—78° C	Glyzerin	—20° C	Schwefel	115° C
Antimon	630° C	Iridium	2400° C	Schwefelkohlen-	
Äther	—118° C	Kupfer	1083° C	stoff	—112° C
Blei	327° C	Leinöl	—20° C	Stickstoff	—194° C
Cadmium	320,9° C	Mangan	1210° C	Wasser	0° C
Chlorkalziumlösung,		Meerwasser	—2,5° C	Wachs	64° C
gesättigt	—40° C	Messing	900° C	Wolfram	3400° C
Deltametall	950° C	Naphthalin	80° C	Zink	419° C
Eisen, rein	1500° C	Nickel	1451° C	Zinn	232° C
Flußeisen 1350—1450° C		Platin	1764° C		

Siedepunkte einiger Körper bei 760 mm Q.-S.

Ammoniak	—33,7° C	Gesättigte Kochsalz-		Sauerstoff	—183° C
Anilin	184° C	lösung	108° C	Schwefelkohlenstoff	46° C
Alkohol absolut	78,5° C	Kohlensäure	—78,5° C	Stickstoff	—196° C
Äther	35° C	Kohlenoxyd	—190° C	Stickoxydul (N_2O)	
Benzol	80° C	Leinöl	316° C		—92° C
Chlor	—36,6° C	Paraffin	300° C	Stickoxyd (NO)	—147° C
Helium	—268° C	Quecksilber	357° C	Wasser	100° C
		Schwefel	444,55° C	Wasserstoff	—253° C

Werte für Wärmeleitzahl λ [kcal/m °C h].

Aluminium	173 bis 200	desgl. // Faser	0,30
Blei	30	Eichenholz $\perp$ Faser	0,18
Eisen	40 bis 50	desgl. // Faser	0,31
Kupfer	330	Torfoleum	0,04
Messing	74 bis 80	Koksschlacke	0,13
Porzellan	0,9	Glas	0,4
Silber	360	Ruhende Luft[1]	0,02
Platin	60	Asbest	{0,13 bei 0° C / 0,19 bei 400° C}
Neusilber	25		
Nickelstahl	9,0 bis 14	Kieselgur	{0,06 bei 0° C / 0,12 bei 400° C}
trockenes Ziegelmauer-			
werk	0,35	Seidenzopf	0,04 bei 0°
wenig feuchtes Ziegel-		Korkstein, asphaltiert	∞ 0,05
mauerwerk	0,5	Blätterholzkohle	0,05
Kiefernholz $\perp$ Faser		Wasser	0,5
(trocken)	0,14	Eis	2,0

Spezifische Wärme c_p von Wasserdampf für die Überhitzung von t auf t'. (Nach Knoblauch, Raisch u. Hausen.)

$p =$	8	10	12	14	16	18	20	25	30	35	40	50	60 ata
$t =$	169,6	179,1	187,1	194,1	200,4	206,1	211,4	222,9	232,8	241,4	249,2	262,7	274,3° C
t	0,578	0,606	0,635	0,664	0,695	0,727	0,760	0,846	0,940	1,044	1,15	1,38	1,62
200	0,539	0,568	0,601	0,644	—	—	—	—	—	—	—	—	—
220	0,524	0,546	0,569	0,596	0,628	0,664	0,710	—	—	—	—	—	—
240	0,515	0,531	0,548	0,567	0,589	0,612	0,639	0,725	0,852	—	—	—	—
260	0,509	0,521	0,534	0,548	0,563	0,579	0,598	0,650	0,715	0,806	0,937	—	—
280	0,505	0,515	0,525	0,536	0,548	0,559	0,572	0,607	0,647	0,696	0,756	0,940	1,310
300	0,503	0,511	0,519	0,527	0,536	0,545	0,555	0,580	0,607	0,639	0,673	0,760	0,895
320	0,502	0,509	0,516	0,523	0,529	0,536	0,543	0,562	0,582	0,603	0,627	0,680	0,744
340	0,502	0,507	0,513	0,519	0,524	0,530	0,536	0,550	0,565	0,580	0,597	0,630	0,670
360	0,502	0,507	0,512	0,516	0,521	0,526	0,530	0,542	0,554	0,566	0,577	0,602	0,629
380	0,503	0,507	0,511	0,515	0,519	0,523	0,527	0,537	0,546	0,555	0,565	0,583	0,602
400	0,504	0,508	0,511	0,515	0,518	0,521	0,525	0,533	0,540	0,549	0,556	0,570	0,584
420	0,506	0,509	0,511	0,514	0,517	0,520	0,523	0,530	0,537	0,544	0,550	0,560	0,572

($t' =$ the left rows 200 … 420)

[1] Luft in vertikalen Schichten darf nie als ruhend betrachtet werden.

Zahlentafel für Gase.

Gas	Spezifisches Gewicht bei 15° C und 1 at kg/m^3	bei 0° C u. 760 mm QS kg/m^3	Gaskonstante $R\,\frac{m}{°C}$	Spezifische Wärme für 1 kg bei 15° C c_p	c_v	Spezifische Wärme für 1 m³ bei 15° C u. 1 at C_p	C_v	$\varkappa = \frac{c_p}{c_v}$	m
Luft	1,188	1,293	29,26	0,241	0,172	0,286	0,204	1,401	29
Sauerstoff . .	1,312	1,429	26,50	0,218	0,156	0,286	0,204	1,400	32
Stickstoff (rein)	1,151	1,251	30,26	0,249	0,178	0,287	0,205	1,401	28
Wasserstoff .	0,0827	0,0899	420,6	3,408	2,42	0,281	0,200	1,407	2
Kohlenoxyd .	1,148	1,250	30,25	0,250	0,180	0,287	0,204	1,398	28
Kohlensäure .	1,804	1,977	19,25	0,202	0,156	0,364	0,281	1,30	44
Schwefl. Säure	2,627	2,927	13,2	0,15	0,12	0,394	0,315	1,25	64
Ammoniak . .	0,700	0,771	49,8	0,53	0,41	0,371	0,287	1,28	17
Azetylen . .	1,066	1,176	32,5						

Werte der Wärmeübergangszahl α in kcal/m² h °C für ebene Wände und überschlägige Rechnungen (durch Berührung).

$\alpha = 10000$ und mehr für kondensierenden Dampf, $\Big\}$ je nach der Geschwindigkeit w in m/s,
$\alpha = 2000$ bis 6000 für siedendes Wasser

$\alpha = 300 + 1800\,\sqrt{w}$ für nicht siedendes Wasser, w in m/s,
$\alpha = 5,0 + 3,4\,w$ für Luft und $w \leqq 5$ m/s,
$\alpha = 100$ für überhitzten Dampf.

Werte der Wärmeübergangszahl α in kcal/m² h °C für Oberflächenkondensation.

$\alpha = 12000$ bis 14000 für Übergang von Dampf und Wandung,
$\alpha = 4500\,\sqrt{w} + 300$,,   ,,   ,, Wasser und Wandung, w in m/s.

Werte der Wärmedurchgangszahl k in kcal/m² h °C.

in Abhängigkeit der Kesselbeanspruchung   für reine Rauchgasvorwärmerrohre

D/H	12—15 kg/m²h	$k = 16—18$		$k = 10—14$ für glatte, gußeiserne Rohre,
,,	16—18	,,	$k = 18—20$	$k = 8—10$,, Rippenrohre,
,,	19—22	,,	$k = 21—23$	$k = 15—20$,, Flußstahlrohre;
,,	23—25	,,	$k = 24—26$	
,,	26—30	,,	$k = 27—30$	

(Klammer rechts: für Überhitzerheizfläche)

für Oberflächenkondensation
$k = 1500—1800.$

Werte der Wärmedurchgangszahl k in kcal/m² h °C für die Überhitzerfläche in Abhängigkeit vom mittleren Temperaturunterschied ϑ_m zwischen Heizgas und Dampf.

ϑ_m	150	160	170	180	190	200	210	220	230	240	250	°C
k	12	13	14	15	17	19	21	24	27	30	34	kcal/m² h °C

Werte der Strahlungskonstante C in kcal/m² h °C⁴.

Körper	Oberflächenbeschaffenheit	C	Körper	Oberflächenbeschaffenheit	C
Körper	absolut schwarz	4,96	Stahl	oxydiert	4,0
			,, ...	blank	1,2
Brennstoff	glühend oder		,, ...	hochpoliert	1,31
	flammend	4,0	Gußeisen	mit Gußhaut	4,0
Aluminium	roh	0,35	Kalkmörtel	rauh, weiß	4,3
,, ...	poliert	0,26	Wasser		3,2
Glas	glatt	4,6	Holz	gehobelt	4,4
Messing	poliert	0,25	Ruß	glatt	4,3
Kupfer	,,	0,2	Mauerwerk		4,6

Adiabatische und polytropische Expansion von Gasen[1].

$$\frac{V_2}{V_1} = \left(\frac{P_1}{P_2}\right)^{\frac{1}{m}} \quad \text{für folgende Werte von } m$$

P_1/P_2	1,0	1,05	1,1	1,135	1,15	1,2	1,25	1,3	1,35	1,4
1,1	1,10	1,095	1,091	1,088	1,086	1,083	1,079	1,076	1,073	1,070
1,2	1,20	1,190	1,180	1,174	1,172	1,164	1,157	1,151	1,145	1,139
1,3	1,30	1,284	1,269	1,260	1,256	1,244	1,234	1,224	1,215	1,206
1,4	1,40	1,378	1,358	1,345	1,340	1,324	1,309	1,295	1,283	1,271
1,5	1,50	1,47[1]	1,446	1,429	1,423	1,402	1,383	1,366	1,350	1,336
1,6	1,60	1,565	1,533	1,513	1,505	1,479	1,456	1,436	1,416	1,399
1,7	1,70	1,658	1,620	1,596	1,586	1,556	1,529	1,504	1,482	1,461
1,8	1,80	1,750	1,706	1,678	1,667	1,632	1,600	1,572	1,546	1,522
1,9	1,90	1,843	1,792	1,760	1,747	1,707	1,671	1,638	1,609	1,582
2,0	2,00	1,935	1,878	1,842	1,827	1,782	1,741	1,704	1,671	1,641
2,2	2,20	2,12	2,05	2,00	1,985	1,929	1,878	1,834	1,793	1,756
2,4	2,40	2,30	2,22	2,16	2,14	2,07	2,01	1,961	1,913	1,869
2,6	2,60	2,48	2,38	2,32	2,30	2,22	2,15	2,09	2,03	1,979
2,8	2,80	2,67	2,55	2,48	2,45	2,36	2,28	2,21	2,14	2,09
3,0	3,00	2,85	2,72	2,63	2,60	2,50	2,41	2,33	2,26	2,19
3,2	3,20	3,03	2,88	2,79	2,75	2,64	2,54	2,45	2,37	2,30
3,4	3,40	3,21	3,04	2,94	2,90	2,77	2,66	2,56	2,48	2,40
3,6	3,60	3,39	3,21	3,09	3,05	2,91	2,79	2,68	2,58	2,50
3,8	3,80	3,57	3,37	3,24	3,19	3,04	2,91	2,79	2,69	2,60
4,0	4,00	3,74	3,53	3,39	3,34	3,17	3,03	2,90	2,79	2,69
4,2	4,20	3,92	3,69	3,54	3,48	3,31	3,15	3,02	2,90	2,79
4,4	4,40	4,10	3,85	3,69	3,63	3,44	3,27	3,13	3,00	2,88
4,6	4,60	4,28	4,00	3,84	3,77	3,57	3,39	3,23	3,10	2,97
4,8	4,80	4,45	4,16	3,98	3,91	3,70	3,51	3,34	3,20	3,07
5,0	5,00	4,63	4,32	4,13	4,05	3,82	3,62	3,45	3,29	3,16
5,5	5,50	5,07	4,71	4,49	4,40	4,14	3,91	3,71	3,54	3,38
6,0	6,00	5,51	5,10	4,85	4,75	4,45	4,19	3,97	3,77	3,60
6,5	6,50	5,94	5,48	5,20	5,09	4,76	4,47	4,22	4,00	3,81
7,0	7,00	6,38	5,86	5,55	5,43	5,06	4,74	4,47	4,23	4,01
7,5	7,50	6,81	6,24	5,90	5,77	5,36	5,01	4,71	4,45	4,22
8,0	8,00	7,24	6,62	6,25	6,10	5,66	5,28	4,95	4,67	4,42
8,5	8,50	7,68	7,00	6,59	6,43	5,95	5,54	5,19	4,88	4,61
9,0	9,00	8,11	7,37	6,93	6,76	6,24	5,80	5,42	5,09	4,80
9,5	9,50	8,53	7,74	7,27	7,08	6,53	6,06	5,65	5,30	4,99
10,0	10,00	8,96	8,11	7,60	7,41	6,81	6,31	5,88	5,50	5,19
11,0	11,0	9,81	8,84	8,27	8,04	7,38	6,81	6,33	5,91	5,54
12,0	12,0	10,66	9,57	8,93	8,68	7,93	7,30	6,76	6,30	5,90
13,0	13,0	11,56	10,30	9,58	9,30	8,48	7,78	7,19	6,69	6,25
14,0	14,0	12,34	11,01	10,23	9,92	9,02	8,26	7,61	7,06	6,59
15,0	15,0	13,18	11,73	10,87	10,54	9,55	8,73	8,03	7,43	6,92

[1]) Aus Puschmann, Technische Wärmelehre.

Tafeln für Wasserdampf nach R. Molliér. Gesättigter Dampf.

1.	2.	3.	4.	5.	6.	7.	8.
Druck at (kg/cm²) (absolut)	Sättigungstemperatur °C	Rauminhalt des Dampfes m³/kg	Spezifisches Gewicht kg/m³		Entropie kcal/°C kg		$s''-s'$ kcal/°C kg
			der Flüssigkeit	des Dampfes	der Flüssigkeit	des Dampfes	
p	t	v''	γ'	γ''	s'	s''	r/T
0,01	6,6	131,8	1000	0,00759	0,0238	2,1454	2,1216
0,015	12,7	89,71	999	0,01115	0,0451	2,1095	2,0644
0,02	17,1	68,25	999	0,01465	0,0607	2,0852	2,0245
0,025	20,7	55,27	998	0,01809	0,0730	2,0655	1,9925
0,03	23,7	46,51	997	0,02150	0,0831	2,0497	1,9666
0,04	28,6	35,44	996	0,02822	0,0994	2,0248	1,9254
0,05	32,5	28,71	995	0,03483	0,1123	2,0059	1,8936
0,06	35,8	24,18	994	0,04136	0,1230	1,9905	1,8675
0,08	41,1	18,44	992	0,05424	0,1401	1,9666	1,8265
0,10	45,4	14,94	990	0,06692	0,1537	1,9477	1,7940
0,12	49,0	12,59	989	0,07944	0,1650	1,9330	1,7680
0,15	53,6	10,21	986	0,09796	0,1790	1,9138	1,7348
0,20	59,7	7,794	983	0,1283	0,1974	1,8902	1,6928
0,25	64,6	6,324	981	0,1581	0,2120	1,8717	1,6597
0,30	68,7	5,329	979	0,1876	0,2242	1,8572	1,6330
0,35	72,3	4,612	977	0,2168	0,2346	1,8442	1,6096
0,40	75,4	4,070	975	0,2457	0,2437	1,8335	1,5898
0,50	80,9	3,302	971	0,3028	0,2593	1,8154	1,5561
0,60	85,5	2,785	968	0,3591	0,2722	1,8008	1,5286
0,70	89,5	2,411	966	0,4147	0,2834	1,7885	1,5051
0,80	93,0	2,128	963	0,4699	0,2931	1,7781	1,4850
0,90	96,2	1,906	961	0,5246	0,3018	1,7688	1,4670
1,0	99,1	1,727	959	0,5790	0,3097	1,7601	1,4504
1,1	101,8	1,580	957	0,6329	0,3169	1,7526	1,4357
1,2	104,2	1,456	955	0,6867	0,3236	1,7462	1,4226
1,3	106,6	1,351	953	0,7400	0,3297	1,7393	1,4096
1,4	108,7	1,261	952	0,7932	0,3354	1,7339	1,3985
1,5	110,8	1,182	950	0,846	0,3408	1,7282	1,3874
1,6	112,7	1,113	948	0,899	0,3460	1,7232	1,3772
1,8	116,3	0,997	946	1,003	0,3554	1,7140	1,3586
2,0	119,6	0,903	943	1,107	0,3638	1,7056	1,3418
2,2	122,6	0,826	941	1,211	0,3716	1,6979	1,3263
2,4	125,5	0,7614	938	1,313	0,3787	1,6906	1,3119
2,6	128,1	0,7064	936	1,416	0,3854	1,6846	1,2992
2,8	130,5	0,6589	934	1,518	0,3917	1,6792	1,2875
3,0	132,9	0,6176	932	1,619	0,3975	1,6732	1,2757
3,2	135,1	0,5814	930	1,720	0,4031	1,6682	1,2651
3,4	137,2	0,5492	928	1,821	0,4083	1,6635	1,2552
3,6	139,2	0,5206	926	1,921	0,4133	1,6588	1,2455
3,8	141,1	0,4948	925	2,021	0,4180	1,6547	1,2367
4,0	142,9	0,4714	923	2,121	0,4224	1,6506	1,2282
4,5	147,2	0,4220	919	2,369	0,4330	1,6412	1,2082

Gesättigter Dampf.

1.	2.	3.	4.	5.	6.	7.	8.	9.
Druck at (kg/cm²) (absolut)	Sättigungstemperatur °C	Wärmeinhalt kcal/kg der Flüssigkeit	des Dampfes	$i''-i'$ Verdampfungswärme kcal/kg	Energie kcal/kg der Flüssigkeit	des Dampfes	$u''-u'$ kcal/kg	$AP(v''-v')$ kcal/kg
p	t	i'	i''	r	u'	u''	ϱ	ψ
0,01	6,6	6,6	599,8	593,2	6,6	568,9	562,3	30,87
0,015	12,7	12,7	602,5	589,8	12,7	571,0	558,3	31,51
0,02	17,1	17,1	604,4	587,3	17,1	572,4	555,3	31,97
0,025	20,7	20,7	605,9	585,2	20,7	573,5	552,8	32,36
0,03	23,7	23,7	607,2	583,5	23,7	574,5	550,8	32,68
0,04	28,6	28,6	609,3	580,7	28,6	576,1	547,5	33,20
0,05	32,5	32,5	611,0	578,5	32,5	577,4	544,9	33,62
0,06	35,8	35,8	612,5	576,7	35,8	578,5	542,7	33,97
0,08	41,1	41,1	614,8	573,7	41,1	580,3	539,2	34,54
0,10	45,4	45,4	616,6	571,2	45,4	581,6	536,2	34,99
0,12	49,0	48,9	618,2	569,3	48,9	582,8	533,9	35,37
0,15	53,6	53,5	620,1	566,6	53,5	584,2	530,7	35,86
0,20	59,7	59,6	622,8	563,2	59,6	586,3	526,7	36,50
0,25	64,6	64,5	624,8	560,3	64,5	587,8	523,3	37,02
0,30	68,7	68,6	626,6	558,0	68,6	589,2	520,6	37,43
0,35	72,3	72,3	628,1	555,8	72,3	590,3	518,0	37,79
0,40	75,4	75,4	629,3	553,9	75,4	591,2	515,8	38,12
0,50	80,9	80,9	631,6	550,7	80,9	592,9	512,0	38,66
0,60	85,5	85,5	633,5	548,0	85,5	594,4	508,9	39,12
0,70	89,5	89,5	635,1	545,6	89,5	595,6	506,1	39,51
0,80	93,0	93,0	636,5	543,5	93,0	596,6	503,6	39,85
0,90	96,2	96,2	637,8	541,6	96,2	597,6	501,4	40,15
1,0	99,1	99,2	638,9	539,7	99,2	598,5	499,3	40,42
1,1	101,8	101,9	640,0	538,1	101,9	599,3	497,4	40,68
1,2	104,2	104,3	640,9	536,6	104,3	600,0	495,7	40,89
1,3	106,6	106,7	641,8	535,1	106,7	600,7	494,0	41,11
1,4	108,7	108,8	642,6	533,8	108,8	601,3	492,5	41,30
1,5	110,8	110,9	643,4	532,5	110,9	601,9	491,0	41,49
1,6	112,7	112,9	644,1	531,2	112,9	602,4	489,5	41,65
1,8	116,3	116,5	645,4	528,9	116,5	603,4	486,9	41,96
2,0	119,6	119,8	646,6	526,8	119,8	604,2	484,5	42,25
2,2	122,6	122,9	647,6	524,7	122,9	605,0	482,1	42,50
2,4	125,5	125,8	648,6	522,8	125,7	605,8	480,1	42,73
2,6	128,1	128,5	649,6	521,1	128,4	606,6	478,2	42,95
2,8	130,5	130,9	650,4	519,5	130,8	607,2	476,4	43,14
3,0	132,9	133,4	651,2	517,8	133,3	607,8	474,5	43,32
3,2	135,1	135,6	651,9	516,3	135,5	608,3	472,8	43,49
3,4	137,2	137,7	652,6	514,9	137,6	608,9	471,3	43,65
3,6	139,2	139,8	653,2	513,4	139,7	609,3	469,6	43,80
3,8	141,1	141,7	653,8	512,1	141,6	609,8	468,2	43,93
4,0	142,9	143,6	654,4	510,8	143,5	610,2	466,7	44,06
4,5	147,2	148,0	655,7	507,7	147,9	611,2	463,3	44,36

Gesättigter Dampf (Fortsetzung).

1.	2.	3.	4.	5.	6.	7.	8.
Druck at (kg/cm²) (absolut)	Sättigungstemperatur °C	Rauminhalt des Dampfes m³/kg	Spezifisches Gewicht kg/m³ der Flüssigkeit	des Dampfes	Entropie kcal/°C kg der Flüssigkeit	des Dampfes	$s''-s'$ kcal/°C kg
p	t	v''	γ'	γ''	s'	s''	r/T
5,0	151,1	0,3822	916	2,616	0,4424	1,6329	1,1905
5,5	154,7	0,3494	912	2,862	0,4511	1,6253	1,1742
6,0	158,1	0,3219	909	3,107	0,4592	1,6181	1,1589
6,5	161,2	0,2984	906	3,351	0,4667	1,6120	1,1453
7,0	164,2	0,2782	903	3,594	0,4737	1,6059	1,1322
7,5	167,0	0,2607	900	3,836	0,4803	1,6001	1,1198
8,0	169,6	0,2452	898	4,078	0,4865	1,5949	1,1084
8,5	172,1	0,2315	895	4,319	0,4924	1,5901	1,0977
9,0	174,5	0,2193	893	4,560	0,4980	1,5854	1,0874
9,5	176,8	0,2083	890	4,800	0,5033	1,5811	1,0778
10	179,0	0,1984	888	5,039	0,5085	1,5769	1,0684
11	183,2	0,1812	883	5,520	0,5181	1,5689	1,0508
12	187,1	0,1667	879	6,000	0,5270	1,5613	1,0343
13	190,7	0,1543	875	6,479	0,5353	1,5549	1,0196
14	194,1	0,1437	871	6,958	0,5430	1,5488	1,0058
15	197,4	0,1345	868	7,437	0,5504	1,5425	0,9921
16	200,4	0,1263	864	7,916	0,5573	1,5372	0,9799
17	203,4	0,1191	861	8,396	0,5640	1,5319	0,9679
18	206,2	0,1127	858	8,875	0,5702	1,5266	0,9564
19	208,8	0,1069	854	9,354	0,5762	1,5222	0,9460
20	211,4	0,1017	851	9,83	0,5819	1,5177	0,9358
22	216,3	0,0926	845	10,80	0,5928	1,5090	0,9162
24	220,8	0,0850	840	11,76	0,6026	1,5011	0,8985
26	225,0	0,0786	834	12,73	0,6120	1,4939	0,8819
28	229,0	0,0730	829	13,71	0,6208	1,4869	0,8661
30	232,8	0,06810	824	14,68	0,6292	1,4805	0,8513
32	236,4	0,06382	819	15,67	0,6370	1,4741	0,8371
34	239,8	0,06003	814	16,66	0,6445	1,4682	0,8237
36	243,1	0,05664	809	17,65	0,6518	1,4629	0,8111
38	246,2	0,05360	805	18,66	0,6586	1,4573	0,7987
40	249,2	0,05085	800	19,66	0,6652	1,4522	0,7870
42	252,1	0,04836	796	20,68	0,6715	1,4472	0,7757
44	254,9	0,04607	792	21,71	0,6776	1,4423	0,7647
46	257,6	0,04398	787	22,74	0,6836	1,4378	0,7542
48	260,2	0,04206	783	23,77	0,6892	1,4334	0,7442
50	262,7	0,04029	779	24,82	0,6947	1,4289	0,7342
55	268,7	0,03640	770	27,47	0,7079	1,4184	0,7105
60	274,3	0,03313	760	30,19	0,7202	1,4087	0,6885
65	279,6	0,03034	751	32,96	0,7319	1,3993	0,6674
70	284,5	0,02794	743	35,79	0,7428	1,3905	0,6477

Gesättigter Dampf (Fortsetzung).

1.	2.	3.	4.	5.	6.	7.	8.	9.
Druck at (kg/cm²) (absolut)	Sättigungs-temperatur °C	Wärmeinhalt kcal/kg der Flüssigkeit	des Dampfes	$i''-i'$ Verdampfungswärme kcal/kg	Energie kcal/kg der Flüssigkeit	des Dampfes	$u''-u'$ kcal/kg	$AP(v''-v')$ kcal/kg
p	t	i'	i''	r	u'	u''	ϱ	ψ
5,0	151,1	152,0	656,9	504,9	151,9	612,1	460,2	44,63
5,5	154,7	155,7	657,9	502,2	155,6	612,9	457,3	44,86
6,0	158,1	159,2	658,8	499,6	159,1	613,6	454,5	45,07
6,5	161,2	162,4	659,7	497,3	162,2	614,3	452,1	45,26
7,0	164,2	165,5	660,5	495,0	165,3	614,9	449,6	45,43
7,5	167,0	168,5	661,2	492,7	168,3	615,4	447,1	45,59
8,0	169,6	171,2	661,8	490,6	171,0	615,9	444,9	45,73
8,5	172,1	173,8	662,4	488,6	173,6	616,3	442,7	45,86
9,0	174,5	176,3	662,9	486,6	176,1	616,7	440,6	45,99
9,5	176,8	178,7	663,5	484,8	178,5	617,1	438,6	46,10
10	179,0	181,0	663,9	482,9	180,7	617,4	436,7	46,21
11	183,2	185,4	664,8	479,4	185,1	618,1	433,0	46,38
12	187,1	189,6	665,5	475,9	189,3	618,7	429,4	46,52
13	190,7	193,4	666,2	472,8	193,1	619,2	426,1	46,64
14	194,1	197,0	666,8	469,8	196,6	619,6	423,0	46,74
15	197,4	200,6	667,3	466,7	200,2	620,1	419,9	46,83
16	200,4	203,8	667,7	463,9	203,4	620,4	417,0	46,90
17	203,4	207,0	668,1	461,1	206,5	620,7	414,2	46,96
18	206,2	210,1	668,4	458,3	209,6	620,9	411,3	47,01
19	208,8	212,9	668,7	455,8	212,4	621,1	408,7	47,05
20	211,4	215,7	669,0	453,3	215,1	621,4	406,3	47,08
22	216,3	221,1	669,4	448,3	220,5	621,7	401,2	47,11
24	220,8	226,0	669,7	443,7	225,3	621,9	396,6	47,11
26	225,0	230,7	669,9	439,2	230,0	622,0	392,0	47,09
28	229,0	235,1	669,9	434,8	234,3	622,1	387,8	47,05
30	232,8	239,4	670,0	430,6	238,5	622,1	383,6	46,99
32	236,4	243,5	669,9	426,4	242,6	622,1	379,5	46,91
34	239,8	247,4	669,8	422,4	246,4	622,0	375,6	46,82
36	243,1	251,1	669,7	418,6	250,1	621,9	371,8	46,71
38	246,2	254,7	669,4	414,7	253,6	621,7	368,1	46,59
40	249,2	258,2	669,2	411,0	257,0	621,6	364,6	46,47
42	252,1	261,6	668,9	407,3	260,4	621,3	360,9	46,33
44	254,9	264,9	668,6	403,7	263,6	621,1	357,5	46,17
46	257,6	268,0	668,2	400,2	266,6	620,8	354,2	46,01
48	260,2	271,1	667,9	396,8	269,7	620,6	350,9	45,85
50	262,7	274,1	667,4	393,3	272,6	620,2	347,6	45,68
55	268,7	281,4	666,3	384,9	279,7	619,4	339,7	45,21
60	274,3	288,2	665,0	376,8	286,4	618,4	332,0	44,70
65	279,6	294,8	663,6	368,8	292,8	617,4	324,6	44,16
70	284,5	301,0	662,1	361,1	298,8	616,3	317,5	43,59

Gesättigter Dampf (Schluß).

1.	2.	3.	4.	5.	6.	7.	8.
Druck at (kg/cm²) (absolut)	Sättigungs-temperatur °C	Raum-inhalt des Dampfes m³/kg	Spezifisches Gewicht kg/m³ der Flüssigkeit	des Dampfes	Entropie kcal/°C kg der Flüssigkeit	des Dampfes	$s'' - s'$ kcal/°C kg
p	t	v''	γ'	γ''	s'	s''	r/T
75	289,2	0,02584	734	38,69	0,7533	1,3821	0,6288
80	293,6	0,02400	725	41,66	0,7631	1,3738	0,6107
85	297,9	0,02236	717	44,72	0,7729	1,3657	0,5928
90	301,9	0,02091	709	47,83	0,7820	1,3581	0,5761
95	305,8	0,01959	700	51,05	0,7908	1,3506	0,5598
100	309,5	0,01840	692	54,35	0,7995	1,3434	0,5439
110	316,6	0,01632	676	61,27	0,8164	1,3291	0,5127
120	323,1	0,01457	660	68,61	0,8324	1,3154	0,4830
130	329,2	0,01307	643	76,49	0,8480	1,3018	0,4538
140	335,0	0,01175	627	85,08	0,8635	1,2879	0,4244
150	340,5	0,01058	609	94,53	0,8793	1,2738	0,3945
160	345,6	0,00952	592	105,0	0,8952	1,2593	0,3641
180	355,3	0,00763	552	131,0	0,9298	1,2274	0,2976
200	364,0	0,00594	505	168,4	0,9696	1,1903	0,2207
225	374,0	0,00310	322,6	322,6	1,0817	1,0817	0

Gesättigter Wasserdampf von +0° bis +50°.

Temperatur °C	Druck mm QS	Druck kg/cm²	Spezifisches Volumen v'' m³/kg	Spezifisches Gewicht 1000 γ'' g/m³
0	4,579	0,00622	207	4,83
1	4,926	0,00668	191,4	5,22
2	5,294	0,00717	178,7	5,61
3	5,685	0,00771	167,1	5,99
4	6,101	0,00815	156,3	6,38
5	6,543	0,00886	147,3	6,79
6	7,013	0,00956	137,9	7,25
7	7,513	0,0102	129,0	7,75
8	8,045	0,0109	120,3	8,31
9	8,609	0,0117	112,8	8,86
10	9,209	0,0125	106,4	9,40
11	9,84	0,0134	100,0	10,00
12	10,52	0,0143	93,4	10,71
13	11,23	0,0153	87,8	11,39
14	11,99	0,0163	82,55	12,11
15	12,79	0,0174	77,7	12,82
16	13,64	0,0186	73,1	13,68
17	14,5	0,0197	68,85	14,51
18	15,5	0,0211	64,9	15,40
19	16,5	0,0224	61,15	16,32
20	17,5	0,0238	57,8	17,3
21	18,6	0,0254	54,4	18,4
22	19,8	0,0270	51,3	19,5
23	21,1	0,0287	48,5	20,6
24	22,4	0,0305	45,8	21,8
25	23,8	0,0324	43,3	23,1
26	25,2	0,0343	40,9	24,4
27	26,7	0,0363	38,8	25,8
28	28,3	0,0386	36,8	27,2
29	30,0	0,0408	34,8	28,7
30	31,8	0,0432	32,9	30,4
31	33,7	0,0458	31,2	32,0
32	35,7	0,0486	29,6	33,8
33	37,7	0,0513	28,0	35,7
34	39,9	0,0543	26,6	37,6
35	42,2	0,0573	25,2	39,6
36	44,6	0,0606	23,9	41,8
37	47,1	0,0641	22,7	44,0
38	49,7	0,0676	21,6	46,3
39	52,4	0,0715	20,5	48,8
40	55,3	0,0752	19,5	51,2
41	58,3	0,0795	18,6	53,8
42	61,5	0,0836	17,7	56,5
43	64,8	0,0882	16,8	59,5
44	68,3	0,0930	16,0	62,5
45	71,9	0,0978	15,3	65,5
46	75,7	0,103	14,6	68,5
47	79,6	0,108	13,9	71,9
48	83,7	0,114	13,2	75,8
49	88,0	0,120	12,6	79,4
50	92,5	0,126	12,0	83,2

Gesättigter Dampf (Schluß).

1.	2.	3.	4.	5.	6.	7.	8.	9.
Druck at (kg/cm²) (absolut)	Sättigungstemperatur °C	Wärmeinhalt kcal/kg der Flüssigkeit	des Dampfes	$i''-i'$ Verdampfungswärme kcal/kg	Energie kcal/kg der Flüssigkeit	des Dampfes	$u''-u'$ kcal/kg	$AP(v''-v')$ kcal/kg
p	t	i'	i''	r	u'	u''	ϱ	ψ
75	289,2	307,0	660,5	353,5	304,6	615,1	310,5	43,00
80	293,6	312,8	658,8	346,0	310,2	613,8	303,6	42,38
85	297,9	318,5	656,9	338,4	315,7	612,4	296,7	41,74
90	301,9	323,9	655,1	331,2	320,9	611,0	290,1	41,09
95	305,8	329,2	653,2	324,0	326,0	609,6	283,6	40,40
100	309,5	334,4	651,2	316,8	331,0	608,1	277,1	39,71
110	316,6	344,6	646,9	302,3	340,8	604,8	264,0	38,23
120	323,1	354,4	642,3	287,9	350,1	601,3	251,2	36,70
130	329,2	364,1	637,3	273,3	359,3	597,5	238,2	35,07
140	335,0	373,9	631,9	258,0	368,6	593,4	224,8	33,29
150	340,5	383,9	625,9	242,0	378,1	588,7	210,6	31,39
160	345,6	394,0	619,3	225,2	387,7	583,6	195,9	29,35
180	355,3	416,4	603,4	187,0	408,8	571,2	162,4	24,54
200	364,0	442,3	582,9	140,6	433,0	555,1	122,1	18,54
225	374,0	515,5	515,5	0	499,1	499,1	0	0

Festigkeitslehre.

Elastizitäts- und Festigkeitszahlen in kg/cm².

Eisensorte	Elastizitätsmaß $E=\dfrac{1}{\alpha}$	Gleitmaß für $m=10/3$ $G=\dfrac{1}{\beta}$	Proportionalitätsgrenze σ_P	Streckgrenze σ_S	Festigkeit für Zug σ_B	Druck σ_{-B}
Schweißeisen // zur Walzrichtung	2 000 000	770 000	1300 bis 1600	1800 bis 2600	3300 bis 4000	σ_S maßgebend
Flußstahl St 37	2 100 000	810 000	1800 bis 2300	2000 und mehr	3700 bis 4500	σ_S maßgebend
Baustahl St 52	2 100 000	850 000	δ[1]$=20\%$	3600 und mehr	5200 bis 6200	σ_S maßgebend
Geschmiedeter Flußstahl	2 100 000	810 000	2500 bis 6000	3000 und mehr; härterer Stoff ohne Streckgrenze	5000 bis 20 000	wenn weich, σ_S maßgebend; wenn hart, $\sigma_{-B}=\sigma_B$
Federstahl, ungehärtet	2 100 000	850 000 bis 880 000	5000 u. mehr	—	bis 10 000 und mehr	—
gehärtet			7500 u. mehr	—	bis 17 000	—
Nickelstahl für Brücken (2 bis 3,5% Ni)	2 090 000	—	δ[1]$=20\%$ ψ[2]$=40\%$	3800	5600 bis 6700	—

[1] $\delta =$ Bruchdehnung, [2] $\psi =$ Einschnurung.

(Fortsetzung auf Seite 44.)

Elastizitäts- und Festigkeitszahlen in kg/cm² (Fortsetzung).

Eisensorte	Elastizitätsmaß $E = \dfrac{1}{\alpha}$	Gleitmaß für $m = 10/3$ $G = \dfrac{1}{\beta}$	Proportionalitätsgrenze σ_P	Streckgrenze σ_S	Festigkeit für	
					Zug σ_B	Druck σ_{-B}
Stahlguß	2 150 000	830 000	2000 u. mehr	2100 und mehr	3500 bis 7000 und mehr	wie bei Flußstahl
Gußeisen (Ge 14·91)	750 000 bis 1 050 000 (i. M. 1 000 000)	290 000 bis 400 000 (380 000)	nicht vorhanden	nicht vorhanden	1200 bis 2400	6000 bis 8500

Dritter Abschnitt: Werkstoffkunde.

Zulässige Beanspruchungen in kg/cm².

Art der Festigkeit und Belastung		Schweißeisen	Weicher Flußstahl[1]	Mittelharter Flußstahl[2]	Stahlguß	Gußeisen	Kupferblech gewalzt
Zug σ_{zul}, k_z	I[3]	900	900 bis 1500	1200 bis 1800	600 bis 1200	300	600
	II	600	600 „ 1000	800 „ 1200	400 „ 800	200	300
	III	300	300 „ 500	400 „ 600	200 „ 500	100	—
Druck $\sigma_{d\,zul}$, k	I	900	900 bis 1500	1200 bis 1800	900 bis 1500	900	—
	II	600	600 „ 1000	800 „ 1200	600 „ 1000	600	—
Biegung σ'_{zul}, k_b	I	900	900 bis 1500	1200 bis 1800	750 bis 1200	—	—
	II	600	600 „ 1000	800 „ 1200	500 „ 800	—	—
	III	300	300 „ 500	400 „ 600	250 „ 400	—	—
Schub τ_{zul}, k_s	I	720	720 bis 1200	960 bis 1440	480 bis 960	300	—
	II	480	480 „ 800	640 „ 960	320 „ 640	200	—
	III	240	240 „ 400	320 „ 480	160 „ 320	100	—
Drehung τ'_{zul}, k_d	I	360	600 bis 1200	900 bis 1440	480 bis 960	—	—
	II	240	400 „ 800	600 „ 960	320 „ 640	—	—
	III	120	200 „ 400	300 „ 480	160 „ 320	—	—

Federstähle der Friedr. Krupp A.-G., Essen.

	Marke	Härtung	Zustand	Streckgrenze σ_S kg/mm²	Festigkeit σ_B kg/mm²	Bruchdehnung in vH	
						δ_{10}	δ_5
Sonderfederstähle	CF	für Öl-härtung	ungehärtet gehärtet	50÷60 120÷135	85÷95 130÷150	14÷10 6÷ 5	16÷12 7÷ 6
	BM	für Wasser-härtung	ungehärtet gehärtet	45÷ 55 120÷135	75÷ 95 130÷150	14÷10 6÷ 5	16÷12 7÷ 6
	FC 300	für Öl-härtung	ungehärtet gehärtet	60÷ 70 125÷135	90÷100 140÷160	14÷10 6÷ 5	17−13 7÷ 6

[1] Die höheren Werte sind nur bei ganz zuverlassigem Werkstoff und höherem C-Gehalt (0,25 vH) anzuwenden.
[2] Die höheren Werte gelten für einwandfreien Stahl mit etwa 0,5 vH C.
[3] Die zulässigen Belastungen gelten unter I für ruhende Belastung, unter II für beliebig oft zwischen Null und einem gleichbleibenden Größtwert schwankende Belastung, unter III für beliebig oft zwischen einem gleich großen positiven und negativen Höchstwert stetig wechselnde Belastung.

Festigkeitseigenschaften der genormten Kohlenstoffstähle.

Marken-bezeichnung nach DIN	Nach DIN 1611				Wechselfestigkeit		
	Streck-grenze σ_S kg/mm²	Zug-festigkeit σ_B kg/mm²	Bruchdehnung mindestens in vH		Zug-Druck σ_W kg/mm²	Biegung σ'_W kg/mm²	Verdrehung τ'_W kg/mm²
			δ_5	δ_{10}			
St 00 · 11	—	—	—	—	—	—	—
St 34 · 11	19	34÷42	30	25	—	—	—
St 37 · 11	19	37÷45	25	20	12	17	10
St 42 · 11	23	42÷50	25	20	13,5	19	11
St 50 · 11	27	50÷60	22	18	17	23	13
St 60 · 11	30	60÷70	17	14	20	27	15
St 70 · 11	35	70÷80	12	10	23	30	17

Nickel- und Chromnickelstahl für mechanisch hochbeanspruchte Teile (nach DIN 1662).

Marken-bezeichnung	Geglüht		Gehärtet bzw. vergütet			
	Brinellhärte H kg/mm² höchstens	Zugfestig-keit[1] kg/mm² höchstens	Zugfestig-keit σ_B kg/mm²	Streckgrenze σ_S in vH der Zugfestigkeit mindestens	Bruchdehnung in vH	
					δ_5	δ_{10}
Einsatzstähle						
EN 15	162	55	60÷80 (Wasser)	65	20÷10	15÷8
ECN 25	206	70	80÷100 (Öl)	70 (Öl)	20÷14 (Öl)	14÷10 (Öl)
			90÷110 (Wasser)	75 (Wasser)	16÷10 (Wasser)	12÷7 (Wasser)
ECN 35	220	75	90÷120 (Öl)	75	16÷9	12÷6
ECN 45	240	83	120÷140 (Öl)	75	14÷7	10÷5
Vergütungsstähle						
VCN 15 w	206	70	65÷ 75	65	24÷18	16÷13
h	206	70	75÷ 85	70	22÷16	15÷12
VCN 25 w	220	75	70÷ 85	70	20÷14	14÷10
h	220	75	80÷ 95	70	16÷10	12÷ 8
VCN 35 w	235	80	75÷ 90	75	20÷14	14÷10
h	235	80	90÷105	75	16÷10	12÷ 8

Festigkeit des Einsatzstahls (nach DIN 1661).

Markenbezeichnung	Zugfestigkeit σ_B kg/mm²	Bruchdehnung mindestens in vH		Streckgrenze σ_S mindestens kg/mm²
		δ_5	δ_{10}	
St C 10 · 61	∞ 38	30	25	21
St C 16 · 61	∞ 42	28	23	23

[1] Berechnet aus Brinellhärte × 0,34; maßgebend ist der Zugversuch.

Festigkeit des Vergütungsstahls (nach DIN 1661).

Markenbezeichnung	Zustand	Zug-festigkeit σ_B kg/mm²	Bruchdehnung mindestens in vH		Streckgrenze σ_S mindestens vH
			δ_5	δ_{10}	
St C 25·61	ausgeglüht	42—50	27	22	24
	vergütet	47—55	24	20	28
St C 35·61	ausgeglüht	50—60	23	19	28
	vergütet	55—65	22	18	33
St C 45·61	ausgeglüht	60—70	19	16	34
	vergütet	65—75	18	15	39
St C 60·61	ausgeglüht	70—85	15	13	40
	vergütet	75—90	14	12	45

Festigkeitseigenschaften von Stahlguß (nach DIN 1681).

Güteklasse	Streckgrenze σ_S kg/mm² mindestens	Zugfestigkeit σ_B kg/mm² mindestens	Bruchdehnung δ_5 in vH mindestens	Kerbzähigkeit a_k mkg/cm² mindestens (nicht genormt)
Normalgüte				
Stg 38·81	—	38	20	
Stg 45·81	—	45	16	
Stg 52·81	—	52	12	
Stg 60·81	—	60	8	bei $\sigma_B \leqq 45$ $a_k \geqq 6$
Sondergüte				
Stg 38·81 S	18	38	25	bei $\sigma_B > 43$ $a_k \geqq 4$
Stg 45·81 S	22	45	22	
Stg 52·81 S	25	52	16	

Festigkeitswerte von Gußeisen (nach DIN 1691).

Klasse (nach DIN 1691)	Markenbezeichnung (nach DIN 1691)	Verwendung	Zug-festigkeit σ_B kg/mm²	Biege-festigkeit σ'_B kg/mm²
Gewöhnlicher Maschinenguß	Ge 12·91	Land-, Textil-, Hausmaschinen	>12	—
Maschinenguß mit besonderen Gütevorschriften	Ge 14·91	Leichter Maschinenguß	>14	>28
	Ge 18·91	Mittlerer ,,	>18	>34
	Ge 22·91	Schwerer ,,	>22	>40
Hochwertiger Guß	Ge 26·91	—	>26	>46

Kupfer, Gußbronze[1]) und Rotguß[1]).

Gruppe	Benennung	Kurz-zeichen	Zug-festigkeit σ_B kg/mm² mindestens	Dehnung δ_5 in vH mindestens	Brinell-härte H 10/500/30 kg/mm² mindestens	Elastizitäts-maß $E = \dfrac{1}{\alpha}$ kg/mm²
—	Kupferbleche, hart gewalzt	—	bis 45	$\delta_{10} \backsim 10$	—	11 500
Zinnbron-zen (Phosphor-bronzen)	Gußbronze 20	GBz 20	15	—	180	
	Gußbronze 14	GBz 14	20	3	90	
	Gußbronze 10	GBz 10	20	15	60	
Rotguß	Rotguß 10 (Maschinenbronze)	Rg 10	20	10	65	
	Rotguß 9	Rg 9	20	12	60	9000
	Rotguß 8	Rg 8	15	6	70	
	Rotguß 5	Rg 5	15	10	60	
	Rotguß 4 (Flanschenbronze)	Rg 4	20	25	50	
Sonder-bronzen	Bleizinnbronze 10	Bl-Bz 10	18	15	70	
	Bleizinnbronze 8	Bl-Bz 8	15	8	60	

Festigkeitseigenschaften einiger Aluminiumlegierungen.

Bezeichnung		Streck-grenze σ_S kg/mm²	Zug-festigkeit σ_B kg/mm²	Brinell-härte H kg/mm²	Dehnung δ_{10} in vH
Reinaluminium	gegossen	3÷4	9÷12	24÷32	18÷25
,,	walzhart	16÷24	18÷28	45÷60	3÷5
,,	weichgeglüht	5÷8	7÷11	15÷25	30÷45
Duraluminium	vergütet	24÷27	38÷41	115	18÷21
,,	hartgewalzt	52÷53	55÷57	156÷158	4÷5
Duraluminium mit hoher Streckgrenze u. Bruchfestigkeit	gepreßt und vergütet	32÷34	44÷47	120÷125	14÷16
Aludur	vergütet		25÷36	70÷100	18÷8
Lautal	vergütet	21,6÷28	38÷42	90÷120	18÷25
	nachverdichtet	40÷59	45÷60	100÷135	15÷3
Scleron	vergütet	30	40÷50	120	10÷15
Hydronalium	gepreßt	15÷20	31÷35		16÷22
	hartgepreßt	30÷36	38÷43		4÷9
Deutsche Legierung	gegossen	6÷10	12÷20	60÷65	1÷5
Amerikan. ,,	gegossen	6÷10	12÷18	63÷68	2÷5
Silumin	gegossen	8,5÷10	17÷22	55÷60	4÷8
Silumin-Gamma	vergütet	20÷28	26÷32	85÷110	1,5÷0,5
K.S.-Seewasser	gegossen	9÷10	12÷19	55÷65	2,8÷1,6

[1]) Nach DIN 1705₂.

Internationale Atomgewichte[1]).

Aluminium	Al	27	Molybdän	Mo	96
Antimon	Sb	120	Natrium	Na	23
Arsen	As	75	Nickel	Ni	59
Barium	Ba	137	Osmium	Os	191
Blei	Pb	207	Phosphor	P	31
Bor	B	11	Platin	Pt	195
Brom	Br	80	Quecksilber	Hg	200
Calcium	Ca	40	Radium	Ra	226
Cerium	Ce	140	Sauerstoff	O	16
Chlor	Cl	35,5	Schwefel	S	32
Chrom	Cr	52	Selen	Se	79
Eisen	Fe	56	Silber	Ag	108
Fluor	Fl	19	Silicium	Si	28
Gold	Au	197	Stickstoff	N	14
Helium	He	4	Strontium	Sr	87,5
Iridium	Ir	193	Tantal	Ta	181
Jod	J	127	Titan	Ti	48
Kalium	K	39	Vanadin	V	51
Kobalt	Co	59	Wasserstoff	H	1
Kohlenstoff	C	12	Wismut	Bi	208
Kupfer	Cu	63,5	Wolfram	W	184
Magnesium	Mg	24	Zink	Zn	65
Mangan	Mn	55	Zinn	Sn	119

Einheitsgewichte in kg/dm³.

Metalle und Legierungen.

Aluminium	2,7	Kupfer:		
Akrit Schneidmetall	9,0	gegossen		8,8
Antimon	6,67	gewalzt		8,9
Arsen	5,72	Draht		9,0
Blei	11,34	Magnesium		1,7
Bronzen (Rotguß)	7,4 ÷ 8,9	Mangan		7,3
Cer	6,77	Messing:		
Chrom	7,1	Gelbguß		8,2 ÷ 8,7
		Draht		8,7
Eisen:		Molybdän		10,2
Roheisen, grau	7,0 ÷ 7,2	Nickel		8,8
Roheisen, weiß	7,6 ÷ 7,7	Platin		21,4
Gußeisen	7,0 ÷ 7,2	Quecksilber		13,6
Stahlformguß	7,8	Vanadin		5,7
Flußstahl	7,7 ÷ 7,9	Weißmetall (Lagermetall)		7,0 ÷ 7,5
Schweißstahl	7,6 ÷ 7,8	Wismut		9,8
Tiegelstahl	7,9	Wolfram		19,1
Schnellschneidstahl	8,5 ÷ 9,2	Zink:		
Eisendraht	7,7	gegossen		6,9
Stahldraht	7,9	gewalzt		7,2
Kobalt	8,83	Zinn		7,28

---

[1]) Abgerundet.

Flüssigkeiten bei 15° C.

Äther (Schwefeläther)	0,73	Salpetersäure — rohe mit etwa 70 vH HNO_3	1,42
Alkohol.................	0,79	Salzsäure mit etwa 20 vH HCl	1,1
Benzin..............	0,68 ÷ 0,72	Schwefelsäure — rohe mit	
Benzol	0,89	etwa 66 vH H_2SO_4	1,6
Glyzerin	1,26	Spiritus — 90 Raum-Hundertstel	0,83
Leinöl	0,93	Steinkohlenteer	1,2
Mineralöle:		Teeröl	1,0 ÷ 1,1
Spindelöle...........	0,89 ÷ 0,90	Terpentinöl	0,86
Maschinenöle	0,90 ÷ 0,91		
Eisenbahnachsenöle	0,90 ÷ 0,92		
Zylinderöle...........	0,92 ÷ 0,94		
Petroleum (Leuchtöl).....	0,79 ÷ 0,82		

Gase bei 0° und 760 mm Barometerstand.
Gewicht von 1 dm^3 in g.

Acetylen	1,177	Luft:	
Grubengas	0,7	trocken	1,293
Helium	0,18	mittelfeucht	1,291
Kohlenoxyd	1,25	Sauerstoff	1,429
Kohlensäure	1,964	Stickstoff	1,254
Leuchtgas	0,53 ÷ 0,56	Wasserstoff	0,0895

Mittlere Lagergewichte in kg/m³.

1. Brennstoffe.

Holz in Scheiten	400
Braunkohle	750
Steinkohle	900
Zechenkoks	500
Gaskoks	450
Preßkohlen	1000
Torf........................	600

2. Verschiedene Lagerstoffe.

Aktengerüste, Bücherschränke..	600
Asche und Schlacke	900
Eis.........................	920
Hausmüll	660
Kaffee......................	700
Kalk	1000
Mehl	500
Papier	1100
Salz	1250
Torf, lose	230
Torf, gepreßt	300
Zement, lose	1200
Zement, eingerüttelt	1900
Zucker.....................	750

2. Feld- und Gartenfrüchte.

Gerste	690
Gras und Klee	350
Hafer......................	550
Heu bis 3 m Packhöhe........	70
Heu, gepreßt................	280
Hülsenfrüchte	850
Kartoffeln	750
Malz	530
Obst	350
Roggen.....................	680
Stroh, lose	45
Stroh, gepreßt...............	280
Weizen	760

4. Baumaterialien.

Sand, Lehm, Erde, trocken ...	1600
Sand, Lehm, Erde, naß	2100
Ton, Kies, trocken...........	1700
Ton, Kies, naß	2000
Kalk, gebrannt	1300
Kalk, gelöscht	1250
Kalkmörtel, trocken	1650
Kalkmörtel, frisch	1800

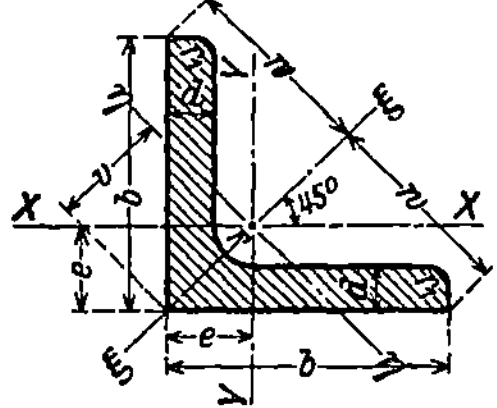

a) Gleichschenklige Winkelstähle. DIN 1028.

Regellängen = 3 bis einschl. 15 m.

J = Trägheitsmoment.
W = Widerstandsmoment.
$i = \sqrt{\dfrac{J}{F}}$ = Trägheitshalbmesser

} bezogen auf die zugehörige Biegungsachse.

Bezeichnungsweise: ∟ 80·80·12.

Abmessungen in mm				Querschnitt F	Gewicht G	Abstände für die Achsen in cm			$x-x=y-y$			$\xi-\xi$		$\eta-\eta$		
									J_x	W_x	i_x	J_ξ	i_ξ	J_η	W_η	i_η
b	d	r	r_1	cm²	kg/m	e	w	v	cm⁴	cm³	cm	cm⁴	cm	cm⁴	cm³	cm
15	3	3,5	2	0,82	0,64	0,48	1,06	0,67	0,15	0,15	0,43	0,24	0,54	0,06	0,09	0,27
	4			1,05	0,82	0,51		0,73	0,19	0,19	0,42	0,29	0,53	0,08	0,11	0,28
20	3	3,5	2	1,12	0,88	0,60	1,41	0,85	0,39	0,28	0,59	0,62	0,74	0,15	0,18	0,37
	4			1,45	1,14	0,64		0,90	0,48	0,35	0,58	0,77	0,73	0,19	0,21	0,36
25	3	3,5	2	1,42	1,12	0,73	1,77	1,03	0,79	0,45	0,75	1,27	0,95	0,31	0,30	0,47
	4			1,85	1,45	0,76		1,08	1,01	0,58	0,74	1,61	0,93	0,40	0,37	0,47
	5			2,26	1,77	0,80		1,13	1,18	0,69	0,72	1,87	0,91	0,50	0,44	0,47
30	3	5	2,5	1,74	1,36	0,84	2,12	1,18	1,41	0,65	0,90	2,24	1,14	0,57	0,48	0,57
	4			2,27	1,78	0,89		1,24	1,81	0,86	0,89	2,85	1,12	0,76	0,61	0,58
	5			2,78	2,18	0,92		1,30	2,16	1,04	0,88	3,41	1,11	0,91	0,70	0,57
35	4	5	2,5	2,67	2,10	1,00	2,47	1,41	2,96	1,18	1,05	4,68	1,33	1,24	0,88	0,68
	6			3,87	3,04	1,08		1,53	4,14	1,71	1,04	6,50	1,30	1,77	1,16	0,68
40	4	6	3	3,08	2,42	1,12	2,83	1,58	4,48	1,56	1,21	7,09	1,52	1,86	1,18	0,78
	5			3,79	2,97	1,16		1,64	5,43	1,91	1,20	8,64	1,51	2,22	1,35	0,77
	6			4,48	3,52	1,20		1,70	6,33	2,26	1,19	9,98	1,49	2,67	1,57	0,77
45	5	7	3,5	4,30	3,38	1,28	3,18	1,81	7,83	2,43	1,35	12,4	1,70	3,25	1,80	0,87
	7			5,86	4,60	1,36		1,92	10,4	3,31	1,33	16,4	1,67	4,39	2,29	0,87
50	5	7	3,5	4,80	3,77	1,40	3,54	1,98	11,0	3,05	1,51	17,4	1,90	4,59	2,32	0,98
	6			5,69	4,47	1,45		2,04	12,8	3,61	1,50	20,4	1,89	5,24	2,57	0,96
	7			6,56	5,15	1,49		2,11	14,6	4,15	1,49	23,1	1,88	6,02	2,85	0,96
	9			8,24	6,47	1,56		2,21	17,9	5,20	1,47	28,1	1,85	7,67	3,47	0,97
55	6	8	4	6,31	4,95	1,56	3,89	2,21	17,3	4,40	1,66	27,4	2,08	7,24	3,28	1,07
	8			8,23	6,46	1,64		2,32	22,1	5,72	1,64	34,8	2,06	9,35	4,03	1,07
	10			10,1	7,90	1,72		2,43	26,3	6,97	1,62	41,4	2,02	11,3	4,65	1,06
60	6	8	4	6,91	5,42	1,69	4,24	2,39	22,8	5,29	1,82	36,1	2,29	9,43	3,95	1,17
	8			9,03	7,09	1,77		2,50	29,1	6,88	1,80	46,1	2,26	12,1	4,84	1,16
	10			11,1	8,69	1,85		2,62	34,9	8,41	1,78	55,1	2,23	14,6	5,57	1,15
65	7	9	4,5	8,70	6,83	1,85	4,60	2,62	33,4	7,18	1,96	53,0	2,47	13,8	5,27	1,26
	9			11,0	8,62	1,93		2,73	41,3	9,04	1,94	65,4	2,44	17,2	6,30	1,25
	11			13,2	10,3	2,00		2,83	48,8	10,8	1,91	76,8	2,42	20,7	7,31	1,25

| Abmessungen in mm | | | | Querschnitt F | Gewicht G | Abstände für die Achsen in cm | | | Für die Biegungsachse | | | | | | | |
| | | | | | | | | | $x-x=y-y$ | | | $\xi-\xi$ | | $\eta-\eta$ | | |
b	d	r	r_1	cm²	kg/m	e	w	v	J_x cm⁴	W_x cm³	i_x cm	J_ξ cm⁴	i_ξ cm	J_η cm⁴	W_η cm³	i_η cm
70	7	9	4,5	9,40	7,38	1,97		2,79	42,4	8,43	2,12	67,1	2,67	17,6	6,31	1,37
	9			11,9	9,34	2,05	4,95	2,90	52,6	10,6	2,10	83,1	2,64	22,0	7,59	1,36
	11			14,3	11,2	2,13		3,01	61,8	12,7	2,08	97,6	2,61	26,0	8,64	1,35
75	7	10	5	10,1	7,94	2,09		2,95	52,4	9,67	2,28	83,6	2,88	21,1	7,15	1,45
	8			11,5	9,03	2,13	5,30	3,01	58,9	11,0	2,26	93,3	2,85	24,4	8,11	1,46
	10			14,1	11,1	2,21		3,12	71,4	13,5	2,25	113	2,83	29,8	9,55	1,45
	12			16,7	13,1	2,29		3,24	82,4	15,8	2,22	130	2,79	34,7	10,7	1,44
80	8	10	5	12,3	9,66	2,26		3,20	72,3	12,6	2,42	115	3,06	29,6	9,25	1,55
	10			15,1	11,9	2,34	5,66	3,31	87,5	15,5	2,41	139	3,03	35,9	10,9	1,54
	12			17,9	14,1	2,41		3,41	102	18,2	2,39	161	3,00	43,0	12,6	1,53
	14			20,6	16,1	2,48		3,51	115	20,8	2,36	181	2,96	48,6	13,9	1,54
90	9	11	5,5	15,5	12,2	2,54		3,59	116	18,0	2,74	184	3,45	47,8	13,3	1,76
	11			18,7	14,7	2,62	6,36	3,70	138	21,6	2,72	218	3,41	57,1	15,4	1,75
	13			21,8	17,1	2,70		3,81	158	25,1	2,69	250	3,39	65,9	17,3	1,74
	16			26,4	20,7	2,81		3,97	186	30,1	2,66	294	3,34	79,1	19,9	1,73
100	10	12	6	19,2	15,1	2,82		3,99	177	24,7	3,04	280	3,82	73,3	18,4	1,95
	12			22,7	17,8	2,90	7,07	4,10	207	29,2	3,02	328	3,80	86,2	21,0	1,95
	14			26,2	20,6	2,98		4,21	235	33,5	3,00	372	3,77	98,3	23,4	1,94
	20			36,2	28,4	3,20		4,54	311	45,8	2,93	488	3,67	134	29,5	1,93
110	10	12	6	21,2	16,6	3,07		4,34	239	30,1	3,36	379	4,23	98,6	22,7	2,16
	12			25,1	19,7	3,15	7,78	4,45	280	35,7	3,34	444	4,21	116	26,1	2,15
	14			29,0	22,8	3,21		4,54	319	41,0	3,32	505	4,18	133	29,3	2,14
120	11	13	6,5	25,4	19,9	3,36		4,75	341	39,5	3,66	541	4,62	140	29,5	2,35
	13			29,7	23,3	3,44	8,49	4,86	394	46,0	3,64	625	4,59	162	33,3	2,34
	15			33,9	26,6	3,51		4,96	446	52,5	3,63	705	4,56	186	37,5	2,34
	20			44,2	34,7	3,70		5,24	562	67,7	3,57	887	4,48	236	45,0	2,31
130	12	14	7	30,0	23,6	3,64		5,15	472	50,4	3,97	750	5,00	194	37,7	2,54
	14			34,7	27,2	3,72	9,19	5,26	540	58,2	3,94	857	4,97	223	42,4	2,53
	16			39,3	30,9	3,80		5,37	605	65,8	3,92	959	4,94	251	46,7	2,52
140	13	15	7,5	35,0	27,5	3,92		5,54	638	63,3	4,27	1010	5,38	262	47,3	2,74
	15			40,0	31,4	4,00	9,90	5,66	723	72,3	4,25	1150	5,36	298	52,7	2,73
	17			45,0	35,3	4,08		5,77	805	81,2	4,23	1280	5,33	334	57,9	2,72
150	14	16	8	40,3	31,6	4,21		5,95	845	78,2	4,58	1340	5,77	347	58,3	2,94
	16			45,7	35,9	4,29	10,6	6,07	949	88,7	4,56	1510	5,74	391	64,4	2,93
	18			51,0	40,1	4,36		6,17	1050	99,3	4,54	1670	5,70	438	71,0	2,93
160	15	17	8,5	46,1	36,2	4,49		6,35	1100	95,6	4,88	1750	6,15	453	71,3	3,14
	17			51,8	40,7	4,57	11,3	6,46	1230	108	4,86	1950	6,13	506	78,3	3,13
	19			57,5	45,1	4,65		6,58	1350	118	4,84	2140	6,10	558	84,8	3,12
180	16	18	9	55,4	43,5	5,02		7,11	1680	130	5,51	2690	6,96	679	95,5	3,50
	18			61,9	48,6	5,10	12,7	7,22	1870	145	5,49	2970	6,93	757	105	3,49
	20			68,4	53,7	5,18		7,33	2040	160	5,47	3260	6,90	830	113	3,49
200	16	18	9	61,8	48,5	5,52		7,80	2340	162	6,15	3740	7,78	943	121	3,91
	18			69,1	54,3	5,60	14,1	7,92	2600	181	6,13	4150	7,75	1050	133	3,90
	20			76,4	59,9	5,68		8,04	2850	199	6,11	4540	7,72	1160	144	3,89

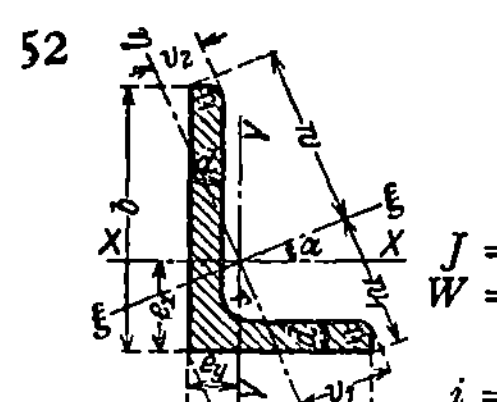

b) Ungleichschenklige

Regellängen = 3

bezogen auf die zugehörige Biegungslinie.

Abmessungen					Querschnitt	Gewicht	Abstände von den Achsen							Lage der Achse
mm							cm							
a	b	d	r	r_1	F cm²	G kg/m	e_x	e_y	w	w_1	v	v_1	v_2	η — tg
20	30	3	3,5	2	1,42	1,11	0,99	0,50	2,04	1,51	0,86	1,04	0,56	0,43
		4			1,85	1,45	1,03	0,54	2,02	1,52	0,91	1,03	0,58	0,42
		5			2,26	1,77	1,07	0,58	2,00	1,53	0,95	1,03	0,60	0,41
20	40	3	3,5	2	1,72	1,35	1,43	0,44	2,61	1,77	0,79	1,19	0,46	0,25
		4			2,25	1,77	1,47	0,48	2,57	1,80	0,83	1,18	0,50	0,25
30	45	3	4,5	2	2,19	1,72	1,43	0,70	3,09	2,24	1,22	1,58	0,81	0,44
		4			2,87	2,25	1,48	0,74	3,07	2,26	1,27	1,58	0,83	0,43
		5			3,53	2,77	1,52	0,78	3,05	2,27	1,32	1,58	0,85	0,43
30	60	5	6	3	4,29	3,37	2,15	0,68	3,90	2,67	1,20	1,77	0,72	0,25
		7			5,85	4,59	2,24	0,76	3,83	2,72	1,28	1,73	0,78	0,24
40	50	3	4	2	2,63	2,06	1,48	0,99	3,50	2,85	1,62	1,87	1,22	0,63
		4			3,46	2,71	1,52	1,03	3,50	2,85	1,67	1,84	1,26	0,62
		5			4,27	3,35	1,56	1,07	3,49	2,88	1,73	1,84	1,27	0,62
40	60	5	6	3	4,79	3,76	1,96	0,97	4,08	3,01	1,68	2,09	1,10	0,43
		6			5,68	4,46	2,00	1,01	4,06	3,02	1,72	2,08	1,12	0,43
		7			6,55	5,14	2,04	1,05	4,04	3,03	1,77	2,07	1,14	0,42
40	80	4	7	3,5	4,69	3,68	2,76	0,80	5,25	3,51	1,48	2,44	0,85	0,20
		6			6,89	5,41	2,85	0,88	5,21	3,53	1,55	2,42	0,89	0,21
		8			9,01	7,07	2,94	0,95	5,15	3,57	1,65	2,38	1,04	0,25
50	65	5	6,5	3,5	5,54	4,35	1,99	1,25	4,52	3,61	2,08	2,38	1,50	0,58
		7			7,60	5,97	2,07	1,33	4,50	3,62	2,19	2,37	1,52	0,57
		9			9,58	7,52	2,15	1,41	4,48	3,63	2,28	2,36	1,57	0,56
50	100	6	9	4,5	8,73	6,85	3,49	1,04	6,50	4,39	1,91	2,98	1,15	0,20
		8			11,5	8,99	3,59	1,13	6,48	4,44	2,00	2,95	1,18	0,21
		10			14,1	11,1	3,67	1,20	6,43	4,49	2,08	2,91	1,22	0,2
55	75	5	7	3,5	6,30	4,95	2,31	1,33	5,19	4,00	2,27	2,71	1,58	0,5
		7			8,66	6,80	2,40	1,41	5,16	4,02	2,37	2,70	1,62	0,5
		9			10,9	8,59	2,47	1,48	5,14	4,04	2,46	2,70	1,66	0,5
60	90	6	7	3,5	8,69	6,82	2,89	1,41	6,14	4,50	2,46	3,16	1,60	0,4
		8			11,4	8,96	2,97	1,49	6,11	4,54	2,56	3,15	1,69	0,4
		10			14,1	11,0	3,05	1,56	6,08	4,57	2,66	3,14	1,74	0,4
65	75	6	8	4	8,11	6,37	2,19	1,70	5,28	4,60	2,68	2,75	2,11	0,7
		8			10,6	8,34	2,28	1,78	5,26	4,62	2,79	2,78	2,14	0,7
		10			13,1	10,3	2,35	1,86	5,23	4,64	2,89	2,79	2,20	0,7
65	80	6	8	4	8,41	6,60	2,39	1,65	5,61	4,63	2,69	2,94	2,01	0,6
		8			11,0	8,66	2,47	1,73	5,59	4,65	2,79	2,94	2,05	0,6
		10			13,6	10,7	2,55	1,81	5,56	4,68	2,90	2,95	2,11	0,6
		12			16,0	12,6	2,63	1,88	5,54	4,70	3,00	2,98	2,15	0,6

Abdruck der Normenblätter des Deutschen Normenausschusses. Verbindlich für die vorstehenden Angaben bleiben die Dinormen. Normenblätter sind durch den Beuth-Verlag G.m.b.H , Berlin SW 19, Dresdener Str. 97, zu beziehen.

Winkelstähle. DIN 1029.

bis einschl. 15 m.

Bezeichnungsweise: ∟ 120. 80. 12.

Für die Biegungsachse										Abmessungen		
x—x			y—y			ξ—ξ		η—η		mm		
J_x cm^4	W_x cm^3	i_x cm	J_y cm^4	W_y cm^3	i_y cm	J_ξ cm^4	i_ξ cm	J_η cm^4	i_η cm	d	b	a
1,25	0,62	0,94	0,44	0,29	0,56	1,43	1,00	0,25	0,42	3		
1,59	0,81	0,93	0,55	0,38	0,55	1,81	0,99	0,33	0,42	4	30	20
1,90	0,99	0,92	0,66	0,46	0,54	2,15	0,98	0,40	0,42	5		
2,79	1,08	1,27	0,47	0,30	0,52	2,96	1,31	0,30	0,42	3	40	20
3,59	1,42	1,26	0,60	0,39	0,52	3,79	1,30	0,39	0,42	4		
4,48	1,46	1,43	1,60	0,70	0,86	5,17	1,54	0,91	0,64	3		
5,78	1,91	1,42	2,05	0,91	0,85	6,65	1,52	1,18	0,64	4	45	30
6,99	2,35	1,41	2,47	1,11	0,84	8,02	1,51	1,44	0,64	5		
15,6	4,04	1,90	2,60	1,12	0,78	16,5	1,96	1,69	0,63	5	60	30
20,7	5,50	1,88	3,41	1,52	0,76	21,8	1,93	2,28	0,62	7		
6,58	1,87	1,58	3,76	1,25	1,20	8,46	1,79	1,89	0,85	3		
8,54	2,47	1,57	4,86	1,64	1,19	10,9	1,78	2,46	0,84	4	50	40
10,4	3,02	1,56	5,89	2,01	1,18	13,3	1,76	3,02	0,84	5		
17,2	4,25	1,89	6,11	2,02	1,13	19,8	2,03	3,50	0,86	5		
20,1	5,03	1,88	7,12	2,38	1,12	23,1	2,02	4,12	0,85	6	60	40
23,0	5,79	1,87	8,07	2,74	1,11	26,3	2,00	4,73	0,85	7		
31,1	5,93	2,57	5,32	1,66	1,07	33,0	2,65	3,38	0,85	4		
44,9	8,73	2,55	7,59	2,44	1,05	47,6	2,63	4,90	0,84	6	80	40
57,6	11,4	2,53	9,68	3,18	1,04	60,9	2,60	6,41	0,84	8		
23,1	5,11	2,04	11,9	3,18	1,47	28,8	2,28	6,21	1,06	5		
31,0	6,99	2,02	15,8	4,31	1,44	38,4	2,25	8,37	1,05	7	65	50
38,2	8,77	2,00	19,4	5,39	1,42	47,0	2,22	10,5	1,05	9		
89,7	13,8	3,20	15,3	3,86	1,32	95,2	3,30	9,78	1,06	6		
116	18,0	3,18	19,5	5,04	1,31	123	3,28	12,6	1,05	8	100	50
141	22,2	3,16	23,4	6,17	1,29	149	3,25	15,5	1,04	10		
35,5	6,84	2,37	16,2	3,89	1,60	43,1	2,61	8,68	1,17	5		
47,9	9,39	2,35	21,8	5,32	1,59	57,9	2,59	11,8	1,17	7	75	55
59,4	11,8	2,33	26,8	6,66	1,57	71,3	2,55	14,8	1,16	9		
71,7	11,7	2,87	25,8	5,61	1,72	82,8	3,09	14,6	1,30	6		
92,5	15,4	2,85	33,0	7,31	1,70	107	3,06	19,0	1,29	8	90	60
112	18,8	2,82	39,6	8,92	1,68	129	3,02	23,1	1,28	10		
44,0	8,30	2,33	30,7	6,39	1,94	60,2	2,73	14,4	1,34	6		
56,7	10,9	2,31	39,4	8,34	1,92	77,3	2,70	18,8	1,33	8	75	65
68,4	13,3	2,29	47,3	10,2	1,90	92,7	2,66	23,0	1,33	10		
52,8	9,41	2,51	31,2	6,44	1,93	68,5	2,85	15,6	1,36	6		
68,1	12,3	2,49	40,1	8,41	1,91	88,0	2,82	20,3	1,36	8	80	65
82,2	15,1	2,46	48,3	10,3	1,89	106	2,79	24,8	1,35	10		
95,4	17,8	2,44	55,8	12,1	1,87	122	2,76	29,2	1,35	12		

a	b	d	r	r_1	F cm²	G kg/m	e_x	e_y	w	w_1	v	v_1	v_2	tg α
65	100	7	10	5	11,2	8,77	3,23	1,51	6,83	4,91	2,66	3,48	1,73	0,419
		9			14,2	11,1	3,32	1,59	6,78	4,94	2,76	3,46	1,78	0,415
		11			17,1	13,4	3,40	1,67	6,74	4,97	2,85	3,45	1,83	0,410
75	115	6	8	4	10,5	8,25	3,85	1,38	7,70	5,26	2,52	3,74	1,52	0,327
		8			13,8	10,9	3,94	1,46	7,63	5,30	2,61	3,73	1,59	0,324
		10			17,1	13,4	4,02	1,54	7,57	5,34	2,70	3,72	1,68	0,321
65	130	8	11	5,5	15,1	11,9	4,56	1,37	8,50	5,71	2,49	3,86	1,47	0,263
		10			18,6	14,6	4,65	1,45	8,43	5,76	2,58	3,82	1,54	0,259
		12			22,1	17,3	4,74	1,53	8,37	5,81	2,66	3,80	1,60	0,255
75	90	7	8,5	4,5	11,1	8,74	2,67	1,93	6,32	5,33	3,11	3,32	2,38	0,683
		9			14,1	11,1	2,76	2,01	6,30	5,35	3,22	3,34	2,41	0,679
		11			17,0	13,4	2,83	2,09	6,28	5,37	3,33	3,35	2,45	0,675
75	100	7	10	5	11,9	9,32	3,06	1,83	6,96	5,42	3,10	3,61	2,18	0,553
		9			15,1	11,8	3,15	1,91	6,91	5,45	3,22	3,63	2,22	0,549
		11			18,2	14,3	3,23	1,99	6,87	5,49	3,32	3,65	2,27	0,545
75	130	8	10,5	5,5	15,9	12,5	4,36	1,65	8,73	6,01	2,99	4,26	1,83	0,339
		10			19,6	15,4	4,45	1,73	8,66	6,05	3,08	4,24	1,88	0,336
		12			23,3	18,3	4,53	1,81	8,61	6,09	3,18	4,21	1,95	0,332
75	150	9	10,5	5,5	19,5	15,3	5,28	1,57	9,79	6,62	2,90	4,46	1,72	0,265
		11			23,6	18,6	5,37	1,65	9,73	6,66	2,97	4,44	1,77	0,261
		13			27,7	21,7	5,45	1,73	9,67	6,70	3,04	4,42	1,85	0,258
75	170	10	11,5	5,5	23,7	18,6	6,21	1,52	10,9	7,33	2,81	4,62	1,81	0,214
		12			28,1	22,1	6,30	1,60	10,8	7,38	2,89	4,59	1,75	0,210
		14			32,5	25,5	6,39	1,68	10,7	7,44	2,96	4,56	1,70	0,207
		16			36,8	28,9	6,47	1,76	10,7	7,48	3,03	4,54	1,65	0,204
80	120	8	11	5,5	15,5	12,2	3,83	1,87	8,23	5,99	3,27	4,20	2,16	0,441
		10			19,1	15,0	3,92	1,95	8,18	6,03	3,37	4,19	2,19	0,438
		12			22,7	17,8	4,00	2,03	8,14	6,06	3,46	4,18	2,25	0,433
		14			26,2	20,5	4,08	2,10	8,10	6,08	3,55	4,17	2,29	0,429
90	110	9	12	6	17,3	13,6	3,30	2,32	7,72	6,41	3,74	4,06	2,79	0,652
		11			20,9	16,4	3,38	2,40	7,69	6,44	3,85	4,06	2,84	0,650
		13			24,5	19,2	3,46	2,48	7,67	6,45	3,96	4,07	2,88	0,648
90	130	10	12	6	21,2	16,6	4,15	2,18	8,92	6,69	3,75	4,62	2,51	0,472
		12			25,1	19,7	4,24	2,26	8,88	6,72	3,85	4,60	2,56	0,468
		14			29,0	22,8	4,32	2,34	8,85	6,74	3,96	4,58	2,61	0,465
90	150	10	12,5	6,5	23,2	18,2	4,99	2,03	10,1	7,09	3,63	4,99	2,26	0,363
		12			27,5	21,6	5,08	2,11	10,0	7,12	3,71	4,98	2,32	0,360
		14			31,8	25,0	5,16	2,19	9,99	7,15	3,79	4,97	2,36	0,357
90	250	10	12,5	6,5	33,2	26,0	9,49	1,57	15,6	10,5	3,02	5,90	1,76	0,156
		12			39,5	31,0	9,59	1,65	15,5	10,6	3,09	5,87	1,80	0,154
		14			45,8	36,0	9,68	1,74	15,4	10,7	3,17	5,82	1,87	0,152
		16			52,0	40,8	9,77	1,82	15,3	10,8	3,24	5,78	1,96	0,150
90	150	10	13	6,5	24,2	19,0	4,80	2,34	10,3	7,50	4,10	5,25	2,68	0,442
		12			28,7	22,6	4,89	2,42	10,2	7,53	4,19	5,24	2,73	0,439
		14			33,2	26,1	4,97	2,50	10,2	7,56	4,28	5,23	2,77	0,435
100	200	10	15	7,5	29,2	23,0	6,93	2,01	13,2	8,76	3,75	5,98	2,22	0,266
		12			34,8	27,3	7,03	2,10	13,1	8,82	3,84	5,95	2,26	0,264
		14			40,3	31,6	7,12	2,18	13,0	8,88	3,93	5,92	2,32	0,262
		16			45,7	35,9	7,20	2,26	12,9	8,93	4,02	5,88	2,39	0,259
		18			51,0	40,0	7,29	2,34	12,9	8,97	4,09	5,86	2,46	0,256

J_x cm⁴	W_x cm³	i_x cm	J_y cm⁴	W_y cm³	i_y cm	J_ξ cm⁴	i_ξ cm	J_η cm⁴	i_η cm	d	b	a
113	16,6	3,17	37,6	7,54	1,84	128	3,39	21,6	1,39	7		
141	21,0	3,15	46,7	9,52	1,82	160	3,36	27,2	1,39	9	100	65
167	25,3	3,13	55,1	11,4	1,80	190	3,34	32,6	1,38	11		
145	18,9	3,71	34,4	6,71	1,81	158	3,88	21,1	1,42	6		
188	24,8	3,69	44,2	8,78	1,79	205	3,85	27,4	1,41	8	115	65
229	30,6	3,66	53,3	10,8	1,77	249	3,82	33,2	1,40	10		
263	31,1	4,17	44,8	8,72	1,72	280	4,31	28,6	1,38	8		
321	38,4	4,15	54,2	10,7	1,71	340	4,27	35,0	1,37	10	130	65
376	45,5	4,12	63,0	12,7	1,69	397	4,24	41,2	1,37	12		
88,1	13,9	2,81	55,5	9,98	2,23	117	3,24	27,1	1,56	7		
110	17,6	2,79	69,1	12,6	2,21	145	3,21	34,1	1,56	9	90	75
130	21,1	2,77	81,7	18,5	2,19	171	3,17	40,9	1,55	11		
118	17,0	3,15	56,9	10,0	2,19	145	3,49	30,1	1,59	7		
148	21,5	3,13	71,0	12,7	2,17	181	3,47	37,8	1,59	9	100	75
176	25,9	3,11	84,0	15,3	2,15	214	3,44	45,4	1,58	11		
276	31,9	4,17	68,3	11,7	2,08	303	4,37	41,3	1,61	8		
337	39,4	4,14	82,9	14,4	2,06	369	4,34	50,6	1,61	10	130	75
395	46,6	4,12	96,5	17,0	2,04	432	4,31	59,6	1,60	12		
455	46,8	4,83	78,3	13,2	2,00	484	4,98	50,0	1,60	9		
545	56,6	4,80	93,0	15,9	1,98	578	4,95	59,8	1,59	11	150	75
631	66,1	4,78	107	18,5	1,96	668	4,91	69,4	1,58	13		
709	65,7	5,47	88,2	14,8	1,93	739	5,59	58,5	1,57	10		
834	78,0	5,45	103	17,4	1,91	868	5,56	68,9	1,57	12	170	75
955	90,0	5,42	117	20,0	1,89	992	5,53	79,0	1,56	14		
1070	102	5,39	130	22,6	1,88	1110	5,50	88,8	1,55	16		
226	27,6	3,82	80,8	13,2	2,29	261	4,10	45,8	1,72	8		
276	34,1	3,80	98,1	16,2	2,27	318	4,07	56,1	1,71	10	120	80
323	40,4	3,77	114	19,1	2,25	371	4,04	66,1	1,71	12		
368	46,4	3,75	130	22,0	2,23	421	4,01	75,8	1,70	14		
204	26,5	3,43	122	18,3	2,66	264	3,90	62,2	1,89	9		
243	31,9	3,41	146	22,1	2,64	315	3,88	74,3	1,88	11	110	90
281	37,2	3,39	168	25,7	2,62	362	3,85	86,0	1,88	13		
358	40,5	4,11	141	20,6	2,58	420	4,46	78,5	1,93	10		
420	48,0	4,09	165	24,4	2,56	492	4,43	92,6	1,92	12	130	90
480	55,3	4,07	187	28,1	2,54	560	4,40	106	1,91	14		
532	53,1	4,79	146	21,0	2,51	591	5,05	87,3	1,94	10		
626	63,1	4,77	170	24,7	2,49	694	5,02	102	1,93	12	150	90
716	72,8	4,75	194	28,4	2,47	792	4,99	118	1,92	14		
2170	140	8,09	163	22,0	2,22	2220	8,18	113	1,84	10		
2570	167	8,06	191	26,0	2,20	2630	8,15	133	1,83	12	250	90
2960	193	8,03	218	30,0	2,18	3020	8,12	152	1,82	14		
3330	219	8,01	243	33,8	2,16	3400	8,09	172	1,82	16		
552	54,1	4,78	198	25,8	2,86	637	5,13	112	2,15	10		
650	64,2	4,76	232	30,6	2,84	749	5,10	132	2,15	12	150	100
744	74,1	4,73	264	35,2	2,82	856	5,07	152	2,14	14		
1220	93,2	6,46	210	26,3	2,68	1300	6,66	133	2,14	10		
1440	111	6,43	247	31,3	2,67	1530	6,63	158	2,13	12		
1650	128	6,41	282	36,1	2,65	1760	6,60	181	2,12	14	200	100
1860	145	6,38	316	40,8	2,63	1970	6,57	204	2,11	16		
2060	162	6,36	347	45,3	2,61	2180	6,54	227	2,11	18		

c) ⊥-Stähle. DIN 1024.

Regellängen = 3 bis einschl. 12 m.

J = Trägheitsmoment
W = Widerstandsmoment } bezogen auf die zugehörige Biegungsachse.
$i = \sqrt{\dfrac{J}{F}}$ = Trägheitshalbmesser

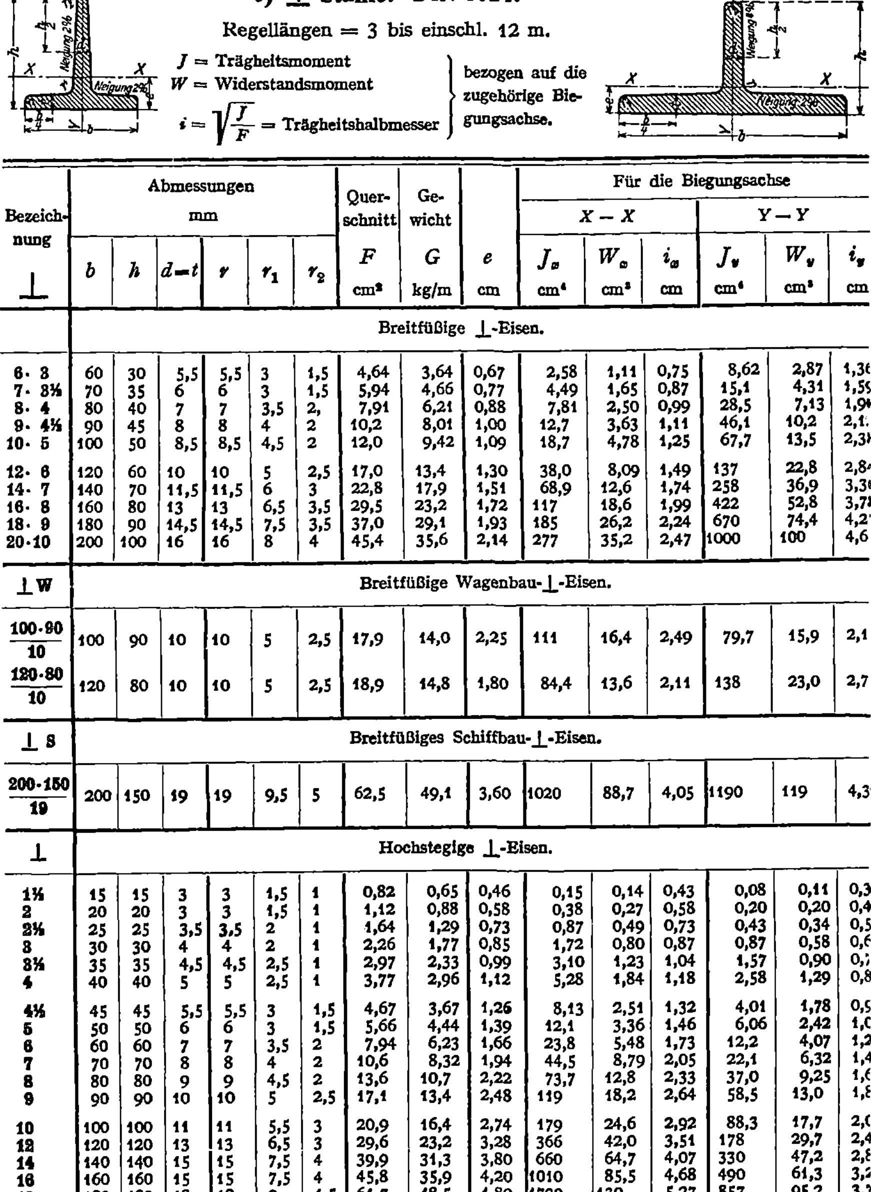

Bezeich-nung ⊥	Abmessungen mm						Quer-schnitt F cm²	Ge-wicht G kg/m	e cm	Für die Biegungsachse X — X			Y — Y		
	b	h	$d=t$	r	r_1	r_2				J_x cm⁴	W_x cm³	i_x cm	J_y cm⁴	W_y cm³	i_y cm
Breitfüßige ⊥-Eisen.															
6·3	60	30	5,5	5,5	3	1,5	4,64	3,64	0,67	2,58	1,11	0,75	8,62	2,87	1,36
7·3½	70	35	6	6	3	1,5	5,94	4,66	0,77	4,49	1,65	0,87	15,1	4,31	1,55
8·4	80	40	7	7	3,5	2,	7,91	6,21	0,88	7,81	2,50	0,99	28,5	7,13	1,9x
9·4½	90	45	8	8	4	2	10,2	8,01	1,00	12,7	3,63	1,11	46,1	10,2	2,1.
10·5	100	50	8,5	8,5	4,5	2	12,0	9,42	1,09	18,7	4,78	1,25	67,7	13,5	2,3x
12·6	120	60	10	10	5	2,5	17,0	13,4	1,30	38,0	8,09	1,49	137	22,8	2,8x
14·7	140	70	11,5	11,5	6	3	22,8	17,9	1,51	68,9	12,6	1,74	258	36,9	3,30
16·8	160	80	13	13	6,5	3,5	29,5	23,2	1,72	117	18,6	1,99	422	52,8	3,7x
18·9	180	90	14,5	14,5	7,5	3,5	37,0	29,1	1,93	185	26,2	2,24	670	74,4	4,2'
20·10	200	100	16	16	8	4	45,4	35,6	2,14	277	35,2	2,47	1000	100	4,6x
⊥ W Breitfüßige Wagenbau-⊥-Eisen.															
100·90 / 10	100	90	10	10	5	2,5	17,9	14,0	2,25	111	16,4	2,49	79,7	15,9	2,1x
120·80 / 10	120	80	10	10	5	2,5	18,9	14,8	1,80	84,4	13,6	2,11	138	23,0	2,7x
⊥ S Breitfüßiges Schiffbau-⊥-Eisen.															
200·150 / 19	200	150	19	19	9,5	5	62,5	49,1	3,60	1020	88,7	4,05	1190	119	4,3x
⊥ Hochstegige ⊥-Eisen.															
1½	15	15	3	3	1,5	1	0,82	0,65	0,46	0,15	0,14	0,43	0,08	0,11	0,3x
2	20	20	3	3	1,5	1	1,12	0,88	0,58	0,38	0,27	0,58	0,20	0,20	0,4x
2½	25	25	3,5	3,5	2	1	1,64	1,29	0,73	0,87	0,49	0,73	0,43	0,34	0,5x
3	30	30	4	4	2	1	2,26	1,77	0,85	1,72	0,80	0,87	0,87	0,58	0,6x
3½	35	35	4,5	4,5	2,5	1	2,97	2,33	0,99	3,10	1,23	1,04	1,57	0,90	0,7x
4	40	40	5	5	2,5	1	3,77	2,96	1,12	5,28	1,84	1,18	2,58	1,29	0,8x
4½	45	45	5,5	5,5	3	1,5	4,67	3,67	1,26	8,13	2,51	1,32	4,01	1,78	0,9x
5	50	50	6	6	3	1,5	5,66	4,44	1,39	12,1	3,36	1,46	6,06	2,42	1,0x
6	60	60	7	7	3,5	2	7,94	6,23	1,66	23,8	5,48	1,73	12,2	4,07	1,2x
7	70	70	8	8	4	2	10,6	8,32	1,94	44,5	8,79	2,05	22,1	6,32	1,4x
8	80	80	9	9	4,5	2	13,6	10,7	2,22	73,7	12,8	2,33	37,0	9,25	1,6x
9	90	90	10	10	5	2,5	17,1	13,4	2,48	119	18,2	2,64	58,5	13,0	1,8x
10	100	100	11	11	5,5	3	20,9	16,4	2,74	179	24,6	2,92	88,3	17,7	2,0x
12	120	120	13	13	6,5	3	29,6	23,2	3,28	366	42,0	3,51	178	29,7	2,4x
14	140	140	15	15	7,5	4	39,9	31,3	3,80	660	64,7	4,07	330	47,2	2,8x
16	160	160	15	15	7,5	4	45,8	35,9	4,20	1010	85,5	4,68	490	61,3	3,2x
18	180	180	18	18	9	4,5	61,7	48,5	4,80	1720	130	5,27	857	95,2	3,7x

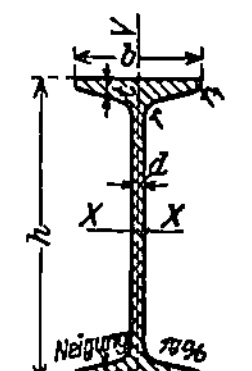

d) I-Stähle. DIN 1025₁ ᵤ.₂.

Regellängen = 4 bis einschl. 15 m.

J = Trägheitsmoment
W = Widerstandsmoment
$i = \sqrt{\dfrac{J}{F}}$ = Trägheitshalbmesser
} bezogen auf die zugehörige Biegungsachse.

S_x = Statisches Moment des halben Querschnitts.

$s_x = \dfrac{J_x}{S_x}$ = Abstand der Zug- und Druckmittelpunkte.

Be-zeich-nung	Abmessungen mm						Quer-schnitt	Ge-wicht	Für die Biegungsachse X–X			Für die Biegungsachse Y–Y			S_x	s_x	Be-zeich-nung
⊏	h	b	d	t	r	r_1	F cm²	G kg/m	J_x cm⁴	W_x cm³	i_x cm	J_y cm⁴	W_y cm³	i_y cm	cm³	cm	⊥
8	80	42	3,9	5,9	3,9	2,3	7,58	5,95	77,8	19,5	3,20	6,29	3,00	0,91	11,4	6,84	8
10	100	50	4,5	6,8	4,5	2,7	10,6	8,32	171	34,2	4,01	12,2	4,88	1,07	19,9	8,57	10
12	120	58	5,1	7,7	5,1	3,1	14,2	11,2	328	54,7	4,81	21,5	7,41	1,23	31,8	10,3	12
14	140	66	5,7	8,6	5,7	3,4	18,3	14,4	573	81,9	5,61	35,2	10,7	1,40	47,7	12,0	14
16	160	74	6,3	9,5	6,3	3,8	22,8	17,9	935	117	6,40	54,7	14,8	1,55	68,0	13,7	16
18	180	82	6,9	10,4	6,9	4,1	27,9	21,9	1450	161	7,20	81,3	19,8	1,71	93,4	15,5	18
20	200	90	7,5	11,3	7,5	4,5	33,5	26,3	2140	214	8,00	117	26,0	1,87	125	17,2	20
22	220	98	8,1	12,2	8,1	4,9	39,6	31,1	3060	278	8,80	162	33,1	2,02	162	18,9	22
24	240	106	8,7	13,1	8,7	5,2	46,1	36,2	4250	354	9,59	221	41,7	2,20	206	20,6	24
26	260	113	9,4	14,1	9,4	5,6	53,4	41,9	5740	442	10,4	288	51,0	2,32	257	22,3	26
28	280	119	10,1	15,2	10,1	6,1	61,1	48,0	7590	542	11,1	364	61,2	2,45	316	24,0	28
30	300	125	10,8	16,2	10,8	6,5	69,1	54,2	9800	653	11,9	451	72,2	2,56	381	25,7	30
32	320	131	11,5	17,3	11,5	6,9	77,8	61,1	12510	782	12,7	555	84,7	2,67	457	27,4	32
34	340	137	12,2	18,3	12,2	7,3	86,8	68,1	15700	923	13,5	674	98,4	2,80	540	29,1	34
36	360	143	13,0	19,5	13,0	7,8	97,1	76,2	19610	1090	14,2	818	114	2,90	638	30,7	36
38	380	149	13,7	20,5	13,7	8,2	107	84,0	24010	1260	15,0	975	131	3,02	741	32,4	38
40	400	155	14,4	21,6	14,4	8,6	118	92,6	29210	1460	15,7	1160	149	3,13	857	34,1	40
42½	425	163	15,3	23,0	15,3	9,2	132	104	36970	1740	16,7	1440	176	3,30	1020	36,2	42½
45	450	170	16,2	24,3	16,2	9,7	147	115	45850	2040	17,7	1730	203	3,43	1200	38,3	45
47½	475	178	17,1	25,6	17,1	10,3	163	128	56480	2380	18,6	2090	235	3,60	1400	40,4	47½
50	500	185	18,0	27,0	18,0	10,8	180	141	68740	2750	19,6	2480	268	3,72	1620	42,4	50
55	550	200	19,0	30,0	19,0	11,9	213	167	99180	3610	21,6	3490	349	4,02	2120	46,8	55
60	600	215	21,6	32,4	21,6	13,0	254	199	139000	4630	23,4	4670	434	4,30	2730	50,9	60
14¹)	140	60	4	5,5	4	2,4	11,7	9,16	365	52,2	5,59	15,6	5,21	1,15	30,2	12,1	P 14
P 20	200	200	10	16	15		82,7	64,9	5950	595	8,48	2140	214	5,08	337	17,7	P 20
P 22	220	220	10	16	15		91,1	71,5	8050	732	9,37	2840	258	5,59	412	19,5	P 22
P 24	240	240	11	18	17		111	87,4	11690	974	10,5	4150	346	6,11	549	21,3	P 24
P 26	260	260	11	18	17		121	94,8	15050	1160	11,2	5280	406	6,61	649	23,2	P 26
P 28	280	280	12	20	18		144	113	20720	1480	12,0	7320	523	7,14	831	24,9	P 28
P 30	300	300	12	20	18		154	121	25760	1720	12,9	9010	600	7,65	959	26,8	P 30
P 32	320	300	13	22	20		171	135	32250	2020	13,7	9910	661	7,60	1130	28,5	P 32
P 34	340	300	13	22	20		174	137	36940	2170	14,5	9910	661	7,55	1220	30,3	P 34
P 36	360	300	14	24	21		192	150	45120	2510	15,3	10810	721	7,51	1410	32,0	P 36
P 38	380	300	14	24	21		194	153	50950	2680	16,2	10810	721	7,46	1510	33,8	P 38
P 40	400	300	14	26	21		209	164	60640	3030	17,0	11710	781	7,49	1700	35,6	P 40
P 42½	425	300	14	26	21		212	166	69480	3270	18,1	11710	781	7,43	1830	37,8	P 42½
P 45	450	300	15	28	23		232	182	84220	3740	19,0	12620	841	7,38	2110	40,0	P 45
P 47½	475	300	15	28	23		235	185	95120	4010	20,1	12620	841	7,32	2250	42,2	P 47½
P 50	500	300	16	30	24		255	200	113200	4530	21,0	13530	902	7,28	2560	44,3	P 50
P 55	550	300	16	30	24		263	207	140300	5100	23,1	13530	902	7,17	2880	48,7	P 55
P 60	600	300	17	32	26		289	227	180800	6030	25,0	14440	962	7,07	3500	51,6	P 60
P 65	650	300	17	32	26		297	234	216800	6670	27,0	14440	962	6,97	3780	57,4	P 65
P 70	700	300	18	34	27		324	254	270300	7720	28,9	15350	1020	6,88	4400	61,5	P 70
P 75	750	300	18	34	27		333	261	316300	8430	30,8	15350	1020	6,79	4800	65,8	P 75
P 80	800	300	18	34	27		342	268	366400	9160	32,7	15350	1020	6,70	5220	70,1	P 80

Hinweis: Die P-Profile sind Breit- u. parallelflanschige I-Eisen.

²) Sonderprofil für den Stahlfachwerkbau.

Abdruck der Normenblätter des Deutschen Normenausschusses. Verbindlich für die vorstehenden Angaben bleiben die Dinormen. Normenblätter sind durch den Beuth-Verlag G.m.b.H., Berlin SW 19, Dresdener Str. 97, zu beziehen.

e) ⊏-Stähle. DIN 1026.

Regellängen = 4 bis einschl. 15 m.

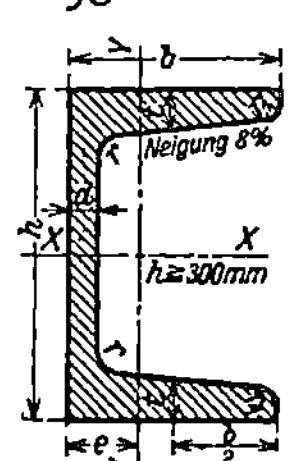

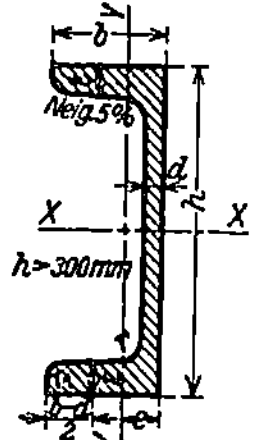

J = Trägheitsmoment
W = Widerstandsmoment
$i = \sqrt{\dfrac{J}{F}}$ = Trägheitshalbmesser

bezogen auf die zugehörige Biegungsachse.

⊏ Bezeichnung	Abmessungen mm						F Querschnitt cm²	G Gewicht kg/m	e cm	Für die Biegungsachse						⊏ Bezeichnung
										X—X			Y—Y			
	h	b	d	t	r	r_1				J_x cm⁴	W_x cm³	i_x cm	J_y cm⁴	W_y cm³	i_y cm	
3	30	33	5	7	7	3,5	5,44	4,27	1,31	6,39	4,26	1,08	5,33	2,68	0,99	3
4	40	35	5	7	7	3,5	6,21	4,87	1,33	14,1	7,05	1,50	6,68	3,08	1,04	4
5	50	38	5	7	7	3,5	7,12	5,59	1,37	26,4	10,6	1,92	9,12	3,75	1,13	5
6½	65	42	5,5	7,5	7,5	4	9,03	7,09	1,42	57,5	17,7	2,52	14,1	5,07	1,25	6½
8	80	45	6	8	8	4	11,0	8,64	1,45	106	26,5	3,10	19,4	6,36	1,33	8
10	100	50	6	8,5	8,5	4,5	13,5	10,6	1,55	206	41,2	3,91	29,3	8,49	1,47	10
12	120	55	7	9	9	4,5	17,0	13,4	1,60	364	60,7	4,62	43,2	11,1	1,59	12
14	140	60	7	10	10	5	20,4	16,0	1,75	605	86,4	5,45	62,7	14,8	1,75	14
16	160	65	7,5	10,5	10,5	5,5	24,0	18,8	1,84	925	116	6,21	85,3	18,3	1,89	16
18	180	70	8	11	11	5,5	28,0	22,0	1,92	1350	150	6,95	114	22,4	2,02	18
20	200	75	8,5	11,5	11,5	6	32,2	25,3	2,01	1910	191	7,70	148	27,0	2,14	20
22	220	80	9	12,5	12,5	6,5	37,4	29,4	2,14	2690	245	8,48	197	33,6	2,30	22
24	240	85	9,5	13	13	6,5	42,3	33,2	2,23	3600	300	9,22	248	39,6	2,42	24
26	260	90	10	14	14	7	48,3	37,9	2,36	4820	371	9,99	317	47,7	2,56	26
28	280	95	10	15	15	7,5	53,3	41,8	2,53	6280	448	10,9	399	57,2	2,74	28
30	300	100	10	16	16	8	58,8	46,2	2,70	8030	535	11,7	495	67,8	2,90	30
32	320	100	14	17,5	17,5	8,75	75,8	59,5	2,60	10870	679	12,1	597	80,6	2,81	32
35	350	100	14	16	16	8	77,3	60,6	2,40	12840	734	12,9	570	75,0	2,72	35
40	400	110	14	18	18	9	91,5	71,8	2,65	20350	1020	14,9	846	102	3,04	40
⊏ F	Fachwerkbau-⊏-Eisen															⊏ F
14	140	40	4	6	6	3	9,90	7,78	1,02	285	40,6	5,36	12,5	4,21	1,12	14
⊏ W	Wagenbau-⊏-Eisen															⊏ W
105/65	105	65	8	8	8	4	17,3	13,6	1,88	287	54,7	4,07	61,2	13,2	1,88	105/65
145/60	145	60	8	8	8	4	19,8	15,6	1,50	585	80,7	5,43	53,6	11,9	1,65	145/60
235/90	235	90	10	12	12	6	42,4	33,3	2,28	3430	292	9,00	272	40,5	2,53	235/90
300/75	300	75	10	10	10	5	42,8	33,6	1,50	4930	328	10,7	145	24,2	1,84	300/75
300/78	300	78	10	13	13	6,5	47,6	37,4	1,80	5860	393	11,1	209	34,7	2,10	300/78
⊏ S	Stellwerkbau-⊏-Eisen															⊏ St
121,5/35	121,5	35	5	6	6	3	9,65	7,58	0,85	193	31,7	4,47	8,50	3,20	0,94	121,5/35
196/78	196	78	13	18	18	9	49,1	38,6	2,40	2670	273	7,38	244	45,0	2,23	196/78

Abdruck der Normenblätter des Deutschen Normenausschusses. Verbindlich für die vorstehenden Angaben bleiben die Dinormen. Normenblätter sind durch den Beuth-Verlag G.m.b.H., Berlin SW 19, Dresdener Str. 97, zu beziehen.

f) ⌐-Stähle. DIN 1027.

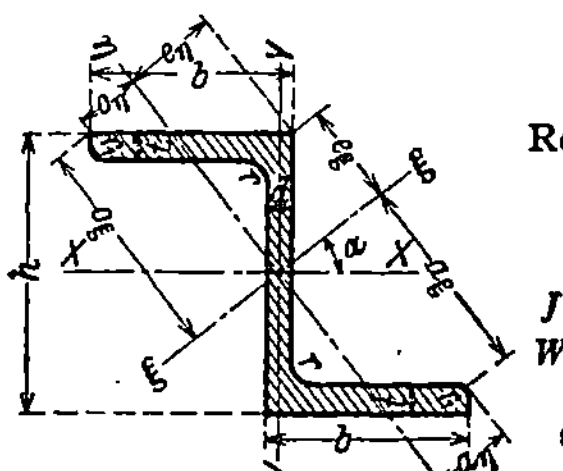

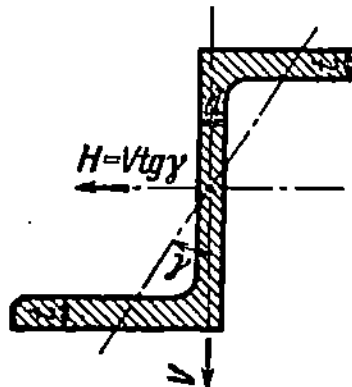

Regellängen
= 3 bis einschl. 10 m für ⌐ $\geqq$ 4,
= 3 bis einschl. 8 m für ⌐ = 3.

J = Trägheitsmoment
W = Widerstandsmoment
$i = \sqrt{\dfrac{J}{F}}$ = Trägheitshalbmesser

} bezogen auf die zugehörige Biegungsachse.

Abmessungen, Querschnitte F und Metergewichte G.

Be-zeich-nung ⌐	Abmessungen mm h	b	d	t	r	r_1	Quer-schnitt F cm²	Ge-wicht G kg/m	Lage der Achse $\eta-\eta$ tg α	o_ξ	o_η	e_ξ	e_η	a_ξ	a_η
3	30	38	4	4,5	4,5	2,5	4,32	3,39	1,655	3,86	0,58	0,61	1,39	3,54	0,8…
4	40	40	4,5	5	5	2,5	5,43	4,26	1,181	4,17	0,91	1,12	1,67	3,82	1,1…
5	50	43	5	5,5	5,5	3	6,77	5,31	0,939	4,60	1,24	1,65	1,89	4,21	1,4
6	60	45	5	6	6	3	7,91	6,21	0,779	4,98	1,51	2,21	2,04	4,56	1,7…
8	80	50	6	7	7	3,5	11,1	8,71	0,588	5,83	2,02	3,30	2,29	5,35	2,2
10	100	55	6,5	8	8	4	14,5	11,4	0,492	6,77	2,43	4,34	2,50	6,24	2,6
12	120	60	7	9	9	4,5	18,2	14,3	0,433	7,75	2,80	5,37	2,70	7,16	3,0…
14	140	65	8	10	10	5	22,9	18,0	0,385	8,72	3,18	6,39	2,89	8,08	3,3…
16	160	70	8,5	11	11	5,5	27,5	21,6	0,357	9,74	3,51	7,39	3,09	9,04	3,7
18	180	75	9,5	12	12	6	33,3	26,1	0,329	10,7	3,86	8,40	3,27	9,99	4,0…
20	200	80	10	13	13	6,5	38,7	30,4	0,313	11,8	4,17	9,39	3,47	11,0	4,3…

Statische Werte.

Bezeichnung ⌐	$X-X$ J_x cm⁴	W_x cm³	i_x cm	$Y-Y$ J_y cm⁴	W_y cm³	i_y cm	$\xi-\xi$ J_ξ cm⁴	W_ξ cm³	i_ξ cm	$\eta-\eta$ J_η cm⁴	W_η cm³	i_η cm	Zentrifugal-moment J_{xy} cm⁴	Verhinderung seitl. Ausbiegung durch H: W_x cm³	$\dfrac{H}{V}$ = tg γ	fr. Ausb. z. Seite W cm³
3	5,96	3,97	1,17	13,7	3,80	1,78	18,1	4,69	2,04	1,54	1,11	0,60	7,35	3,97	1,227	1,26
4	13,5	6,75	1,58	17,6	4,66	1,80	28,0	6,72	2,27	3,05	1,83	0,75	12,2	6,75	0,913	2,26
5	26,3	10,5	1,97	23,8	5,88	1,88	44,9	9,76	2,57	5,23	2,76	0,88	19,6	10,5	0,752	3,64
6	44,7	14,9	2,38	30,1	7,09	1,95	67,2	13,5	2,81	7,60	3,73	0,98	28,8	14,9	0,647	5,24
8	109	27,3	3,13	47,4	10,1	2,07	142	24,4	3,58	14,7	6,44	1,15	55,6	27,3	0,509	10,1
10	222	44,4	3,91	72,5	14,0	2,24	270	39,8	4,31	24,6	9,26	1,30	97,2	44,4	0,438	16,8
12	402	67,0	4,70	106	18,8	2,42	470	60,6	5,08	37,7	12,5	1,44	158	67,0	0,392	25,6
14	676	96,6	5,43	148	24,3	2,54	768	88,0	5,79	56,4	16,6	1,57	239	96,6	0,353	38,0
16	1050	132	6,20	211	32,1	2,77	1180	121	6,57	79,5	21,4	1,70	358	132	0,330	52,9
18	1600	178	6,92	270	38,4	2,84	1760	164	7,26	110	27,0	1,82	490	178	0,307	72,4
20	2300	230	7,71	357	47,6	3,04	2510	213	8,06	147	33,4	1,95	674	230	0,293	94,1

g) Halbrundniete für den Stahlbau. DIN 124₁.

Rohnietdurchm. .	d	10	13	16	19	22	25	28	31	34	37	40	43
Kopfdurchm.	D	16	21	26	30	35	40	45	50	55	60	64	69
Kopfhöhe	k	6,5	8,5	10	12	14	16	18	20	22	24	26	28
Kopfrundung	R	8	11	13,5	15,5	18	20,5	23	25,5	28	30,5	32,5	35,5
Geschlagenes Niet		11	14	17	20	23	26	29	32	35	38	41	44

Abdruck der Normenblätter des Deutschen Normenausschusses. Verbindlich für die vorstehenden Angaben bleiben die Dinormen. Normenblätter sind durch den Beuth-Verlag G.m.b.H., Berlin SW 19, Dresdener Str. 97, zu beziehen.

h) Regelnietabstände in mm[1]).

	Größte Nietschaftlänge nach DIN 124	Kleinster Randabstand zur Kraftrichtung		Nietteilung e wenigstens		üblich	höchstens		Kleinstmaße	
		senkrecht e_s	gleichlaufend e_1	für Blechträger, Stützen usw.	für Knotenanschlüsse		bei Knickstäben	bei Zugstäben	aus Profilrundung	vom Nietkopf
1	55	20	25÷27,5	30	30	40	70	80	12	14
4	75	20	30÷32,5	35	40	50	100	110	15	17
7	90	25	35÷42,5	45	50	60	120	140	18	20
0	115	30	40÷50	50	60	70	140	160	20	22
3	135	35	45÷55	60	70	80	160	180	23	24
6	150	40	50÷65	65	80	90	180	210	26	26
9	160	45	60÷75	75	90	100	200	230	30	30

i) Laufkranschienen.

Flachstahlschienen[1]).

$b \cdot h =$	$50 \cdot 20$	$50 \cdot 30$	$50 \cdot 40$	$60 \cdot 30$	$60 \cdot 40$ mm
$F =$	12,5	15	20	18	24 cm^2
$G =$	9,81	11,8	15,7	14,1	18,8 kg/m

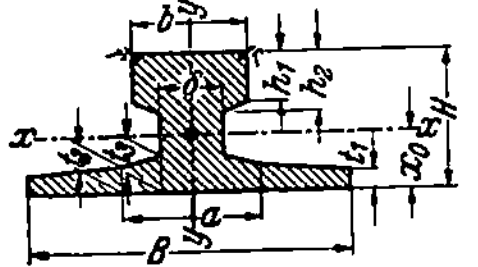

Regelprofile.

Regellängen $=$ 4 bis einschl. 12 m.

Profil Nr.	Höhe H	Breite B	Kopf Höhe h_1	h_2	Breite b	Steg δ	Flansch t_1	t_2	t_3	a	Radius r
1	55	125	20	23,5	45	24	8	11	14,5	54	3
2	65	150	25	28,5	55	31	9	12,5	17,5	66	4
3	75	175	30	34	65	38	10	14	20	78	5
4	85	200	35	39,5	75	45	11	15,4	22	90	6

[1]) Aus: Stahl im Hochbau. Düsseldorf: Stahleisen.

k) Nasenprofile der Vereinigten Stahlwerke A.-G.[1]).

Abmessungen und statische Werte der Flanschprofile.

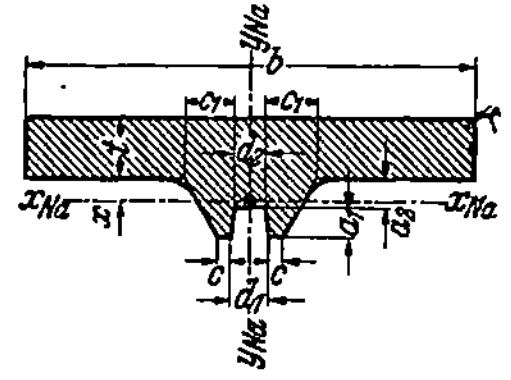

Profil	Abmessungen in mm									Nasen-fläche		Nasen-Trägheits-momente in cm⁴	
	b	t	d_1	c	d_2	c_1	a_1	a_2	r	x cm	F_{Na} cm²	J_{Na_x}	J_{Na_y}
0	250	10 bis 22	11	20	10,25	24,5	6	6	2	0,55	6,06	0,71	17,2
I	320	16 „ 28	12	9	11,25	13,6	6	6	3	0,50	3,50	0,38	3,95
II	340	22 „ 34	12	11,5	11,25	16,7	6	8	3	0,60	4,93	0,76	7,66
III	360	26 „ 38	13	13,5	12,25	19,37	6	10	3	0,71	6,56	1,28	12,3
IV	600	24 „ 40	14	30,5	13,50	—	6	34	3	1,75	36,0	167	245

l) Wulst=Flachstahl (System Dörnen)[1]).

(Ilseder Hütte, Abt. Peiner Walzwerk.)

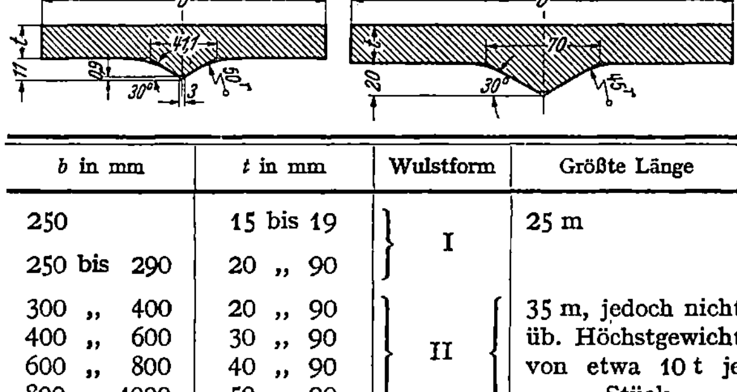

b in mm	t in mm	Wulstform	Größte Länge
250	15 bis 19	I	25 m
250 bis 290	20 „ 90		
300 „ 400	20 „ 90	II	35 m, jedoch nicht üb. Höchstgewicht von etwa 10 t je Stück
400 „ 600	30 „ 90		
600 „ 800	40 „ 90		
800 „ 1000	50 „ 90		

Regelprofile.

Querschnitt F m²	Gewicht G kg/m	Abstand des Schwerpunktes x_0 mm	Trägheits-momente J_x cm⁴	J_y cm⁴	Wider-stands-momente W_x cm³	W_y cm³	einen Rad-durchm. D mm	Der zulässige Raddruck $R = D(b-2r)k$ ergibt sich in Tonnen für und eine zulässige Beanspruchung $k=$ 40 kg/cm²	50 kg/cm²	60 kg/cm²	Profil Nr.
28,7	22,5	22,7	94,1	182	29,1	29,2	400	6,2	7,8	9,4	1
41,1	32,2	26,5	185	329	48,0	43,8	600	11,3	14,1	16,9	2
55,8	43,8	30,6	329	646	74,0	73,8	800	17,6	22,0	26,4	3
72,6	57,0	35,2	523	989	105	98,9	1000	25,2	31,5	37,8	4
							D	R	R	R	

[1]) Aus: Stahl im Hochbau. Düsseldorf: Stahleisen.

m) Streichmaße und Wurzelmaße.

Nach DIN 996 u. 997.

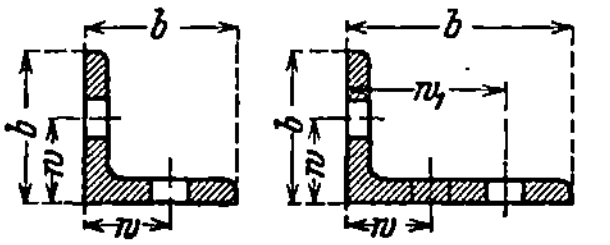

b mm	d_{max}[1) mm	w mm	w_1 mm
30	8,5	17	—
35	11	20	—
40	11	22	—
45	11	25	—
50	14	30	—
55	17	30	—
60	17	35	—
65	20	35	—
70	20	40	—
75	23	40	—
80	23	45	—
90	26	50	—
100	26	55	—
110	26	45	70
115	26	50	75
120	26	50	80
130	26	50	90
140	26	55	100
150	26	55	110
160	29	60	115
170	29	60	125
180	29	60	135
200	32	60	150
250	32	60	200

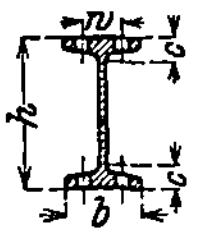

h cm	b mm	c mm	d_{max} mm	w mm
8	42	10,5	—	22
10	50	12,5	—	26
12	58	14,0	—	30
14	66	15,5	11	34
16	74	17,5	14	38
18	82	19,0	14	44
20	90	20,5	17	46
22	98	22,5	17	52
24	106	24,0	17	56
26	113	26,0	20	58
28	119	27,5	20	62
30	125	29,5	20	64
32	131	31,5	20	70
34	137	33,0	20	74
36	143	35,0	23	74
38	149	37,0	23	80
40	155	38,5	23	84
42½	163	41,0	26	86
45	170	43,5	26	92
47½	178	45,5	26	96
50	185	48,0	26	100
55	200	53,0	26	110
60	215	57,5	26	120

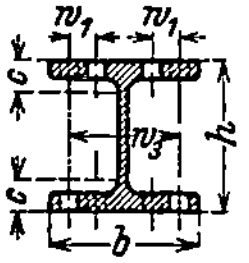

h cm	b mm	c mm	d_{max} mm	w_1 mm	w_3 mm
20	200	31	26	—	110
22	220	31	26	—	120
24	240	35	26	35	160
26	260	35	26	40	180
28	280	38	26	45	200
30	300	38	26	55	220
32	300	42	26	55	220
34	300	42	26	55	220
36	300	45	26	55	220
38	300	45	26	55	220
40	300	47	26	55	220
42½	300	47	26	55	220
45	300	51	26	55	220
47½	300	51	26	55	220
50	300	54	26	55	220
55	300	54	26	55	220
60	300	58	26	55	220
65	300	58	26	55	220

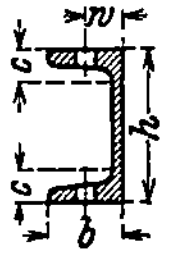

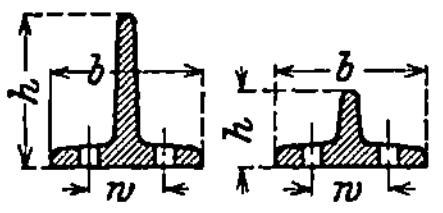

$b \cdot h$ cm	$b \cdot h$ cm	d_{max} mm	w mm
7·7	7·3½	11	40
8·8	8·4	11	50
9·9	9·4½	14	50
10·10	10·5	14	60
12·12	12·6	17	70
14·14	14·7	20	80
16·16	16·8	23	90
18·18	18·9	26	100
—	20·10	26	110

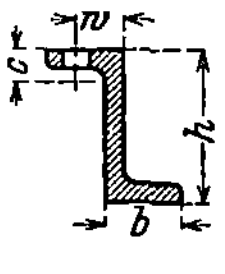

h cm	b mm	c mm	d_{max} mm	w mm
3	38	9	11	20
4	40	10	11	22
5	43	11	11	25
6	45	12	14	25
8	50	14	14	30
10	55	16	17	30
12	60	18	17	35
14	65	20	20	35
16	70	22	20	40
18	75	24	23	40
20	80	26	23	45

h cm	b mm	c mm	d_{max} mm	w mm
3	33	14,5	—	—
4	35	14,5	11	20
5	38	15	11	20
6½	42	16	11	25
8	45	17	14	25
10	50	18	14	30
12	55	19	17	30
14	60	21	17	35
16	65	22,5	20	35
18	70	23,5	20	40
20	75	24,5	23	40
22	80	26,5	23	45
24	85	28	26	45
26	90	30	26	50
28	95	32	26	50
30	100	34	26	55
32	100	37	26	55
35	100	34	26	55
38	102	34	26	55
40	110	38	26	45/70

[1) d_{max} = größter Nietdurchmesser.

Abdruck der Normenblätter des Deutschen Normenausschusses. Verbindlich für die vorstehenden Angaben bleiben die Dinormen. Normenblätter sind durch den Beuth-Verlag G.m.b.H., Berlin SW 19, Dresdener Str. 97, zu beziehen.

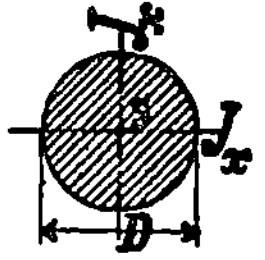

n) Kreisquerschnitte.

$$\gamma = 7{,}85 \ \text{t/m}^3.$$

D mm	F cm²	J cm⁴	W cm³	G kg/m	D mm	F cm²	J cm⁴	W cm³	G kg/m
30	7,1	4,0	2,7	5,55	135	143,1	1 630	242	112,4
35	9,6	7,4	4,2	7,55	140	153,9	1 886	269	120,8
40	12,6	12,6	6,3	9,86	145	165,1	2 170	299	129,6
45	15,9	20,1	8,9	12,5	150	176,7	2 485	331	138,7
50	19,6	30,7	12,3	15,4	155	188,7	2 833	366	148,1
55	23,8	44,9	16,3	18,7	160	201,1	3 217	402	157,8
60	28,3	63 6	21,2	22,2	165	213,8	3 638	441	167,9
65	33,2	87,6	27,0	26,0	170	227,0	4 100	482	178,2
70	38,5	118	33,7	30,2	180	254,5	5 153	573	199,8
75	44,2	155	41,4	34,7	190	283,5	6 397	673	222,6
80	50,3	201	50,3	39,5	200	314,2	7 854	785	246,6
85	56,7	256	60,3	44,5	210	346,4	9 547	909	271,9
90	63,6	322	71,2	49,9	220	380,1	11 499	1045	298,4
95	70,9	400	84,2	55,6	230	415,5	13 737	1194	326,1
100	78,5	491	98,6	61,7	240	452,4	16 286	1357	355,1
105	86,6	597	114	68,0	250	490,9	19 175	1534	385,3
110	95,0	719	131	74,6	260	530,9	22 432	1726	416,8
115	103,9	859	149	81,5	270	572,6	26 087	1932	449,5
120	113,1	1 018	170	88,8	280	615,8	30 172	2155	483,4
125	122,7	1 198	192	96,3	290	660,5	34 719	2394	518,5
130	132,7	1 402	216	104,2	300	706,9	39 761	2651	554,9

o) Trägheitsmomente von Lamellen für 100 mm Breite.

Für zwischenliegende Werte von δ kann geradlinig eingeschaltet werden.

H mm	Trägheitsmomente J_H in cm⁴ für eine Breite von 100 mm und eine Dicke δ (in mm) von											
	8	10	12	14	16	18	20	22	24	26	28	30
40	155	203	255	312	372	437	507					
50	234	303	378	457	542	631	727					
52,5	256	331	412	498	589	686	788					
60	328	423	524	631	743	862	987					
70	439	563	695	832	977	1128	1287					
72,5	469	601	741	887	1040	1200	1368	1543	1725	1915	2113	2319
80	565	723	889	1062	1242	1431	1627	1831	2043	2263	2492	2730
90	707	903	1107	1320	1540	1769	2007	2254	2508	2773	3047	3330
100	866	1103	1350	1605	1870	2143	2427	2719	3022	3335	3657	3990
110	1040	1323	1616	1919	2231	2554	2887	3230	3584	3948	4324	4710
117,5	1181	1501	1832	2172	2523	2885	3258	3642	4036	4443	4860	5289
120	1231	1563	1907	2260	2625	3000	3387	3784	4193	4614	5046	5490
130	1437	1823	2221	2630	3050	3483	3927	4383	4850	5331	5824	6330
140	1659	2103	2559	3028	3508	4001	4507	5025	5556	6101	6659	7230
150	1898	2403	2922	3453	3998	4555	5127	5711	6310	6923	7549	8190

Ist die Lamelle b mm breit, so sind die Werte J_H der Tafel mit $\delta/100$ zu multiplizieren.

Anordnung I.

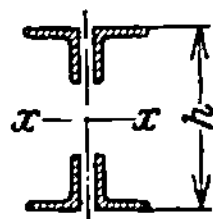

p) Statische Werte für 4 L-Stähle mit veränderlichem Höhenmaß h[1).

(Auszug.)

Anordnung II.

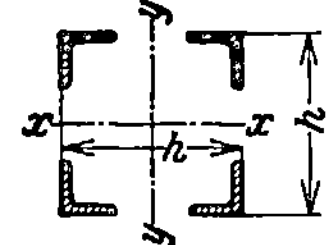

Gültig für Achse xx.   Gültig für Achse xx u. yy.

L mm	F cm²	Wert	\multicolumn{10}{c}{Abstand h der L-Eisen in mm}									
			300	400	500	600	700	800	900	1000	1100	1200
50·50·5	19,2	J	3590	6690	10740	15750	—	—	—	—	—	—
		W	240	334	430	525	—	—	—	—	—	—
		i	13,7	18,7	23,7	28,6	—	—	—	—	—	—
55·55·6	25,2	J	4630	8650	13940	20480	28290	—	—	—	—	—
		W	309	433	557	683	808	—	—	—	—	—
		i	13,6	18,5	23,5	28,5	33,5	—	—	—	—	—
60·60·6	27,6	J	4990	9360	15110	22240	30760	—	—	—	—	—
		W	333	468	604	741	879	—	—	—	—	—
		i	13,4	18,4	23,4	28,4	33,4	—	—	—	—	—
65·65·7	34,8	J	6150	11600	18780	27710	38380	50780	—	—	—	—
		W	410	580	751	924	1100	1270	—	—	—	—
		i	13,3	18,3	23,2	28,2	33,2	38,2	—	—	—	—
70·70·7	37,6	J	6550	12390	20110	29710	41190	54550	69790	86910	—	—
		W	437	620	804	990	1180	1360	1550	1740	—	—
		i	13,2	18,2	23,1	28,1	33,1	38,1	43,1	48,1	—	—
75·75·7	40,4	J	6940	13170	21410	31680	43970	58270	74600	92940	113300	135700
		W	463	659	856	1060	1260	1460	1660	1860	2060	2260
		i	13,1	18,1	23,0	28,0	33,0	38,0	43,0	48,0	53,0	58,0
80·80·8	49,2	J	8270	15770	25730	38150	53030	70360	90160	112400	137100	164300
		W	552	789	1030	1270	1510	1760	2000	2250	2490	2740
		i	13,0	17,9	22,9	27,8	32,8	37,8	42,8	47,8	52,8	57,8
90·90·9	62,0	J	10090	19360	31740	47210	65790	87470	112200	140100	171100	205200
		W	673	968	1270	1570	1880	2190	2490	2800	3110	3420
		i	12,8	17,7	22,6	27,6	32,6	37,6	42,5	47,5	52,5	57,5
100·100·10	76,8	J	12100	23380	38490	57440	80240	106900	137300	171700	209800	251800
		W	807	1170	1540	1910	2290	2670	3050	3430	3810	4200
		i	12,6	17,4	22,4	27,3	32,3	37,3	42,3	47,3	52,3	57,3
110·110·10	84,8	J	13020	25260	41740	62460	87410	116600	150000	187700	229600	275800
		W	868	1260	1670	2080	2500	2920	3330	3750	4170	4600
		i	12,4	17,3	22,2	27,1	32,1	37,1	42,1	47,0	52,0	57,0
120·120·11	102	J	15130	29500	48940	73470	103100	137800	177500	222400	272300	327300
		W	1010	1470	1960	2450	2950	3440	3940	4450	4950	5450
		i	12,2	17,0	21,9	26,8	31,8	36,8	41,7	46,7	51,7	56,6

[1) Aus: Stahl im Hochbau. Düsseldorf: Stahleisen.

Vierter Abschnitt: Die Brennstoffe und ihre technische Verwendung.

Feste Brennstoffe.

Art des Brennstoffs	Unterer Heizwert H_u kcal/kg	Wirklicher Luftbedarf in Nm³/kg							Wirkliches Rauchgasvolumen (feucht) V in Nm³/kg							Wärmeinhalt i in kcal/Nm³						
		Bei einer Luftüberschußzahl n von																				
		1,0	1,2	1,4	1,6	1,8	2,0	2,5	1,0	1,2	1,4	1,6	1,8	2,0	2,5	1,0	1,2	1,4	1,6	1,8	2,0	2,5
Holz, Torf	1000	1,51	1,81	2,11	2,42	2,72	3,02	3,78	2,54	2,84	3,14	3,45	3,75	4,05	4,81	394	352	318	290	267	247	208
Deutsche Rohbraunkohle	1500	2,02	2,42	2,82	3,22	3,63	4,03	5,04	2,99	3,38	3,79	4,19	4,59	5,00	6,00	502	444	396	358	327	300	250
	2000	2,52	3,02	3,53	4,03	4,54	5,04	6,30	3,43	3,93	4,44	4,94	5,45	5,95	7,21	583	509	451	405	367	336	278
	2500	3,03	3,63	4,24	4,84	5,45	6,05	7,56	3,88	4,48	5,08	5,69	6,29	6,90	8,41	645	558	492	440	398	362	297
	3000	3,53	4,24	4,94	5,65	6,35	7,06	8,83	4,32	5,03	5,73	6,43	7,14	7,85	9,62	695	597	524	467	420	382	312
Böhmische Braunkohle	3500	4,04	4,84	5,65	6,46	7,26	8,07	10,09	4,77	5,57	6,37	7,18	7,99	8,80	10,81	734	628	551	488	436	398	324
	4000	4,54	5,45	6,36	7,26	8,17	9,08	11,35	5,21	6,12	7,03	7,93	8,84	9,75	12,02	768	654	570	505	452	410	333
Braunkohlenbriketts	4500	5,05	6,05	7,06	8,07	9,08	10,09	12,61	5,66	6,66	7,67	8,68	9,69	10,70	13,22	795	676	586	518	464	421	340
	5000	5,55	6,66	7,77	8,88	9,99	11,10	13,88	6,10	7,21	8,32	9,43	10,54	11,65	14,43	820	693	601	530	474	429	346
	5500	6,06	7,27	8,48	9,69	10,90	12,11	15,14	6,55	7,75	8,96	10,17	11,38	12,60	15,63	840	710	614	541	483	436	352
Steinkohlen, Koks	6000	6,56	7,87	9,18	10,50	11,81	13,12	16,40	6,99	8,30	9,61	10,92	12,23	13,55	16,83	858	723	624	550	490	443	356
	6500	7,07	8,48	9,89	11,30	12,72	14,13	17,66	7,44	8,85	10,26	11,67	13,09	14,50	18,03	874	734	634	557	496	448	360
	7000	7,57	9,09	10,60	12,11	13,63	15,14	18,93	7,88	9,39	10,91	12,42	13,94	15,45	19,24	889	745	641	564	502	453	364
	7500	8,08	9,69	11,31	12,92	14,54	16,15	20,19	8,33	9,94	11,56	13,17	14,79	16,40	20,44	900	754	649	569	507	457	367
	8000	8,58	10,30	12,01	13,73	15,44	17,16	21,45	8,77	10,49	12,20	13,92	15,63	17,35	21,64	912	763	655	574	512	461	370

Flüssige Brennstoffe.

Art des Brennstoffs	Unterer Heizwert H_u kcal/kg	Wirklicher Luftbedarf in Nm³/kg							Wirkliches Rauchgasvolumen (feucht) V in Nm³/kg							Wärmeinhalt i in kcal/Nm³						
		Bei einer Luftüberschußzahl n von																				
		1,0	1,2	1,4	1,6	1,8	2,0	2,5	1,0	1,2	1,4	1,6	1,8	2,0	2,5	1,0	1,2	1,4	1,6	1,8	2,0	2,5
Heizöl	9000	9,65	11,58	13,51	15,44	17,37	19,30	24,13	9,99	11,92	13,85	15,78	17,71	19,64	24,47	900	755	650	570	508	458	368
Benzol	9500	10,08	12,09	14,11	16,12	18,14	20,15	25,19	10,55	12,56	14,58	16,59	18,61	20,62	25,66	900	756	652	573	510	461	370
Treiböl	10000	10,50	12,60	14,70	16,80	18,90	21,00	26,25	11,10	13,20	15,30	17,40	19,50	21,60	26,85	901	757	654	575	513	463	372
Benzin	10500	10,93	13,11	15,30	17,48	19,67	21,85	27,31	11,66	13,84	16,03	18,21	20,40	22,58	28,04	901	758	655	577	515	465	374
	11000	11,35	13,62	15,89	18,16	20,43	22,70	28,38	12,21	14,48	16,75	19,02	21,29	23,56	29,24	901	759	656	578	517	467	376
	11500	11,78	14,13	16,49	18,84	21,20	23,55	29,44	12,77	15,12	17,48	19,83	22,19	24,54	30,43	901	760	658	580	519	468	378

Gasförmige Brennstoffe (bez. auf 1 Nm³ trockenes Gas).

Art des Brennstoffes	H_u kcal/Nm³	Wirklicher Luftbedarf in Nm³/Nm³ trockenes Gas							
		Bei einer Luftüberschußzahl n von							
		1,0	1,1	1,2	1,3	1,4	1,5	2,0	2,5
Gichtgas . . .	500	0,44	0,48	0,53	0,57	0,61	0,66	0,88	1,09
	750	0,66	0,72	0,79	0,85	0,92	0,98	1,31	1,64
	1000	0,88	0,96	1,05	1,14	1,23	1,31	1,75	2,19
Generatorgas . .	1250	1,09	1,20	1,31	1,42	1,53	1,64	2,19	2,73
	1500	1,31	1,44	1,58	1,71	1,84	1,97	2,63	3,28
Wassergas . . .	2000	1,75	1,93	2,10	2,28	2,45	2,63	3,50	4,38
	2500	2,15	2,37	2,58	2,79	3,01	3,23	4,30	5,38
	3000	2,72	2,99	3,27	3,54	3,81	4,08	5,44	6,80
Koksofengas . .	3500	3,45	3,79	4,14	4,49	4,83	5,18	6,81	8,63
Leuchtgas . . .	4000	4,11	4,52	4,93	5,34	5,75	6,17	8,22	10,28
	4500	4,66	5,12	5,59	6,05	6,52	6,98	9,31	11,64

Mittelwerte für H_u.

Feste Brennstoffe:

Brennstoff	H_u kcal/kg	Brennstoff	H_u kcal/kg
Holz, lufttrocken . .	3500÷4000	Steinkohle: Ruhr . .	6800÷7600
Torf, „ . .	2800÷3600	Aachen .	7800÷8100
Braunkohle, deutsche .	2100÷3000	Schlesische	6300÷7500
böhmische	3000÷5400	Steinkohlenbrikett . .	7400÷7800
Braunkohlenbrikett. .	4500÷5200	Koks	6500÷7600
		Anthrazit	7700÷8100

Flüssige Brennstoffe:

Bezeichnung	Spez. Gew. (bei 15° C) kg/l	H_u (Mittel) kcal/kg	Bezeichnung	Spez. Gew. (bei 15° C) kg/l	H_u (Mittel) kcal/kg
Erdöl { Benzin . . .	0,72÷0,76	10300	Braunkohle { Heizöl (schweres Paraffinöl)	0,90÷0,95	9600
Schwerkraftstoff . . .	0,79÷0,82	10500	Kreosotöl . .	0,98	8750
Gasöl, Treiböl	0,85÷0,88	10250			
Heizöl . . .	0,89÷0,98	9580	Steinkohle { Motorenbenzol	0,875	9650
Braunkohle { Benzin . . .	0,775÷0,80	10100	Treiböl . . . } Heizöl . . . }	1,02÷1,1	9000
Schwerkraftstoff . . .	0,82÷0,86	10050			
Gasöl, Treiböl	0,86÷0,90	9900	Spiritus 90 vH	0,83	~5700

Technische Brenngase:

Gasart	H_u kcal/Nm³	Gasart	H_u kcal/Nm³
Schwelgas (entbenziniert)	5050	Generatorgas, gut	1475
Koksofengas	4690	„ schwach . .	1070
Stadtgas (DeutscheNormen)	4300	Hochofengas, gut	960
Doppelgas	2800	„ schwach . .	830
Wassergas	2550		

Fünfter Abschnitt: Maschinenteile.

1. Normaldurchmesser.

Deutsche Industrie-Normen.   Maße in mm.   DIN 3.

1	20	50	100	150	200	250	300	350	400	450
	21	52								
1,5										
	22									
		55	105	155						
2	23									
	24	58								
2,5	25	60	110	160	210	260	310	360	410	460
3	26	62								
3,5	27									
		65	115	165						
4	28									
4,5		68								
5	30	70	120	170	220	270	320	370	420	470
6	32	72								
7	33									
		75	125	175						
8	34									
9	35	78								
10	36	80	130	180	230	280	330	380	430	480
11		82								
12	38									
		85	135	185						
13	40									
14	42	88								
15		90	140	190	240	290	340	390	440	490
16	44	92								
17	45									
		95	145	195						
18	46									
19	48	98								500

2. Rundungshalbmesser.

Maße in mm.   DIN 250.

Reihe 1	0,2		0,4		0,6		1		1,5		2,5		4
Reihe 2		0,3		0,5		0,8		1,25		2		3	
Reihe 1		6		10		15		20		25	30		40
Reihe 2	5		8		12		18		22			35	
Reihe 1		50	60		80		100		125		160		200
Reihe 2	45			70		90		110		140		180	

Die Halbmesser der Reihe 1 sind vorzugsweise zu verwenden.

3. Halbrundniete für den Kesselbau.

(Flußstahl.)

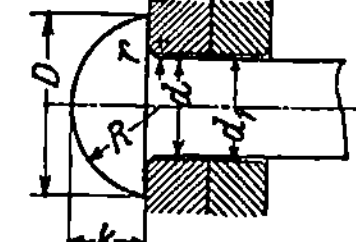

Bezeichnung: Halbrundniete 25×60 DIN 123.   DIN 123.

Rohnietdurchmesser} Nenndurchmesser d mm	10	13	16	19	22	25	28	31	34	37	40	43
Kopfdurchmesser . . . D mm	18	23	30	35	40	45	50	55	60	67	72	77
Kopfhöhe . . . . k mm	7	9	12	14	16	18	20	22	24	26	28	30
Kopfrundung . . . $R\sim$ mm	9,5	12	15,5	18	20,5	23	25,5	28	30,5	34,5	37	40
Schaftrundung . . . . r mm	1	1,5	2	2	2	2,5	3	3	3,5	4	4	4
Lochdurchmesser = Berech- nungsdurchmesser . d_1 mm	11	14	17	20	23	26	29	32	35	38	41	44

4. Querschnitte und Nutenabmessungen der Längskeile sowie der Paß- und Gleitfedern.

Wellendurch-messer d				Hohlkeile DIN 143 und DIN 253 Breite × Stärke $b \times s$	Flachkeile DIN 142 u. DIN 252 Breite × Höhe $b \times s$	Scheitel-höhe	Nutenkeile und Federn Breite × Höhe $b \times s$	Wellen-nuttiefe	Nabennuttiefe für Keile (Nennmaß) DIN 141	Federn (Kleinstmaß DIN 269
über	10	bis	12	—	—	—	4× 4	2,5	1,5	1,7
„	12	„	17	—	—	—	5× 5	3	2	2,2
„	17	„	22	—	—	—	6× 6	3,5	2,5	2,7
„	22	„	30	8×3	8× 4	1	8× 7	4	3	3,2
„	30	„	38	10×3,5	10× 5	1,5	10× 8	4,5	3,5	3,7
„	38	„	44	12×3,5	12× 5	1,5	12× 8	4,5	3,5	3,7
„	44	„	50	14× 4	14× 5	1	14× 9	5	4	4,2
„	50	„	58	16× 5	16× 6	1	16×10	5	5	5,2
„	58	„	68	18× 5	18× 7	2	18×11	6	5	5,3
„	68	„	78	20× 6	20× 8	2	20×12	6	6	6,3
„	78	„	92	24× 7	24× 9	2	24×14	7	7	7,3
„	92	„	110	28× 8	28×10	2	28×16	8	8	8,3
„	110	„	130	32× 9	32×11	2	32×18	9	9	9,3
„	130	„	150	36×10	36×13	3	36×20	10	10	10,3
„	150	„	170	—	40×14	3	40×22	11	11	11,3
„	170	„	200	—	45×16	4	45×25	13	12	12,3
„	200	„	230	—	50×18	4	50×28	14	14	14,3
„	230	„	260	—	—	—	55×30	15	15	15,3
„	260	„	290	—	—	—	60×32	16	16	16,4
„	290	„	330	—	—	—	70×36	18	18	18,4
„	330	„	380	—	—	—	80×40	20	20	20,4
„	380	„	440	—	—	—	90×45	23	22	22,4
„	440	„	500	—	—	—	100×50	25	25	25,4

5. Nutentiefe für Tangentkeile nach DIN 271.

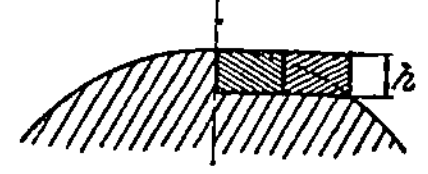

Wellen-durch-messer mm	h mm	Wellen-durch-messer mm	h mm	Wellen-durch-messer mm	h mm	Wellen-durch-messer mm	h mm	Wellen-durch-messer mm	h mm	Wellen-durch-messer mm	h mm
60	7	130	10	200	14	270	18	380	26	520	34
70	7	140	11	210	14	280	20	400	26	540	38
80	8	150	11	220	16	290	20	420	30	560	38
90	8	160	12	230	16	300	20	440	30	580	38
100	9	170	12	240	16	320	22	460	30	600	42
110	9	180	12	250	18	340	22	480	34		
120	10	190	14	260	18	360	26	500	34		

6. Gewinde.

Abgekürzte Bezeichnungen. DIN 202.

A. Für eingängige Rechtsgewinde.

Art des eingängigen Rechtsgewindes	Zeichen vor der Maßzahl	Maßangabe	Beispiel	Für Gewinde nach DIN
Whitworth-Gewinde	—	Gewindeaußendurchmesser in Zoll	2″	11[1]
Whitworth-Feingewinde	W	Gewindeaußendurchmesser in mm mal Steigung in Zoll	W 104 × $^1/_6$″	239 und 240
Whitworth-Rohrgewinde	R	Innendurchmesser des Rohres in Zoll	R 4″	259
Metrisches Gewinde	M	Gewindeaußendurchmesser in mm	M 80	13 und 14
Metrisches Feingewinde	M	Gewindeaußendurchmesser in mm mal Steigung in mm	M 104 × 4	241, 242, 243, 516, 517, 518, 519, 520 und 521
Trapezgewinde	Trapg	Gewindeaußendurchmesser in mm mal Steigung in mm	Trapg 48 × 8	103, 378 und 379
Rundgewinde	Rundg	Gewindeaußendurchmesser in mm mal Steigung in Zoll	Rundg 40 × $^1/_6$″	405
Sägengewinde	Sägg	Gewindeaußendurchmesser in mm mal Steigung in mm	Sägg 70 × 10	513, 514 und 515

B. Für Gewinde mit Spitzenspiel, Links- und mehrgängige Gewinde.

Bezeichnung des Zusatzes für	Abkürzung	Zeichenort	Beispiel	Für Gewinde	Gültig für
Mit Gewindegrenzmaß	f m g	hinter der Gewindebezeichnung	1″ f	—	DIN 11[1]
			1″ m	—	
			1″ g	—	
Mit Spitzenspiel			R 4″ m Sp	R	DIN 260
Gas- u. dampfdicht	dicht		2″ dicht	—	DIN 11[1] und 259
Linksgewinde[2]	links	vor der Gewindebezeichnung	links W 104 × $^1/_6$″	W	alle Gewinde unter A
			links M 80	M	
			links R 4″	R	
			links Trapg 48 × 8	Trapg	
Mehrgängiges Gewinde rechts	gäng [3]		2gang 2″	—	
			2gang Trapg 48 × 16	Trapg	
Mehrgängiges Gewinde links	gäng [3] links		2gäng links 2″	—	
			2gäng links Trapg 48 × 16	Trapg	

[1] Die Toleranzen nach DIN 2244 legen für Whitworth-Gewinde nach DIN 11 ein kleines Spitzenspiel fest. Es wird in der Bezeichnung nicht ausgedrückt.

[2] Bei Teilen, die mit Rechts- und mit Linksgewinde versehen sind, z. B. Spannschlössern, ist auch vor die Gewindebezeichnung des Rechtsgewindes das Wort „rechts" zu setzen.

[3] Die Gangzahl ist von Fall zu Fall einzusetzen.

Abdruck der Normenblätter des Deutschen Normenausschusses. Verbindlich für die vorstehenden Angaben bleiben die Dinormen. Normenblätter sind durch den Beuth-Verlag G.m.b.H., Berlin SW 19, Dresdener Str. 97, zu beziehen.

    Fünfter Abschnitt: Maschinenteile.

7. Whitworth-Gewinde.

Gewindedurchmesser engl. Zoll	Anzahl der Gewindegänge auf die Länge d	DIN 934 Eckenmaß e_1 $\approx$ mm	DIN 532, 931 Gewindelänge b für 1 Mutter bei $m \approx 0{,}8\ d$ mm	Querschnitt im Schaft $\frac{1}{4}\pi d^2$ cm²	DIN 69 Durchgangsloch		DIN 125, 126 Unterlegscheibe		DIN 92 Splintdurchmesser mm
					gebohrt mm	gegossen mm	Durchmesser mm	Stärke mm	
Metr. Gewinde M 6		12,7	15	0,28	7	—	14	1,5	1,2
M 8		16,2	18	0,50	9,5	10,5	18	2	2
M 10		19,6	22	0,79	11,5	13	21	2,5	2
M (11)		21,9	25	0,95	13	14	24	3	3
$^1/_2''$	6	25,4	25	1,27	15	16	28	3	3
$^5/_8''$	$6^7/_8$	31,2	30	1,99	18	20	34	3	4
$^3/_4''$	$7^1/_2$	36,9	35	2,87	22	24	40	4	4
$^7/_8''$	$7^7/_8$	41,6	38	3,87	25	27	45	4	5
$1''$	8	47,3	42	5,07	28	31	52	5	5
$1^1/_8''$	$7^7/_8$	53,1	48	6,42	32	35	58	5	6
$1^1/_4''$	$8^3/_4$	57,7	50	7,89	35	38	62	5	6
$1^3/_8''$	$8^1/_4$	63,5	55	9,57	38	41	68	6	6
$1^1/_2''$	9	69,3	62	11,4	42	45	75	6	8
$1^5/_8''$	$8^1/_8$	75,0	65	13,4	45	49	80	7	8
$1^3/_4''$	$8^3/_4$	80,8	70	15,5	48	52	85	7	8
$(1^7/_8'')$	$8^7/_{16}$	86,5	72	17,8	52	56	92	8	8
$2''$	9	92,4	75	20,3	55	60	98	8	8
$2^1/_4''$	9	98	85	25,6	62	68	105	9	10
$2^1/_2''$	10	110	90	31,7	68	75	120	9	10
$2^3/_4''$	$9^5/_8$	121	95	38,3	74	82	130	10	10
$3''$	$10^1/_2$	127	100	45,6	82	90	135	10	10
$3^1/_4''$	$10^9/_{16}$	139	105	53,5	88	98	150	12	10
$3^1/_2''$	$11^3/_8$	150	115	62,1	95	105	160	12	13
$3^3/_4''$	$11^1/_4$	156	120	71,2	102	110	165	12	13
$4''$	12	167	125	81,0	108	115	180	14	13
$4^1/_4''$	$12^7/_{11}$	179	130	91,6	—	—	190	14	13
$4^1/_2''$	$12^{15}/_{16}$	191	135	103	—	—	205	14	13
$4^3/_4''$	$13^1/_{16}$	202	140	114	—	—	215	16	13
$5''$	$13^3/_4$	208	145	127	—	—	220	16	16
$5^1/_4''$	$13^{15}/_{32}$	219	150	140	—	—	230	16	16
$5^1/_2''$	$14^7/_{16}$	231	160	153	—	—	245	18	16
$5^3/_4''$	$14^3/_8$	242	170	167	—	—	255	18	16
$6''$	15	254	180	182	—	—	270	18	16

Das eingeklammerte Gewinde ist möglichst zu vermeiden.

Abdruck der Normenblätter des Deutschen Normenausschusses. Verbindlich für die vorstehenden Angaben bleiben die Dinormen. Normenblätter sind durch den Beuth-Verlag G.m.b.H., Berlin SW 19, Dresdener Str. 97, zu beziehen.

8. Whitworth-Gewinde.

Gewindegrenzmaße mittel und grob.

Nach DIN 11 und 11₄.

Bezeichnung eines Whitworth-Gewindes von 1″ Nenndurchmesser nach Toleranzen mittel: 1″ m.

Bezeichnung eines Whitworth-Gewindes von 1″ Nenndurchmesser nach Toleranzen grob: 1″ g.

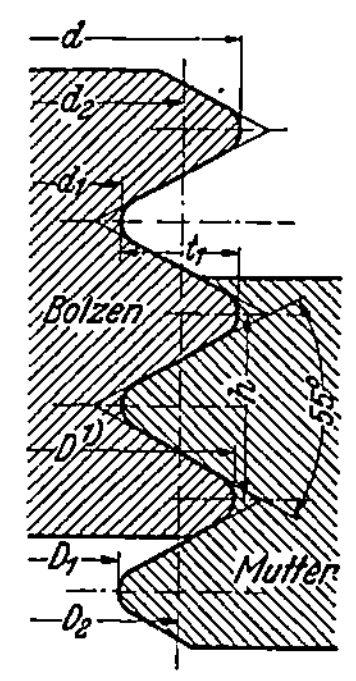

Nenn-durchmesser d		Bolzen Whitworth-Gewinde DIN 11 und 11₄				Mutter Whitworth-Gewinde DIN 11₄			DIN 475	DIN 931, 532	DIN 934
		Kern-durch-messer d_1	Kern-quer-schnitt	Flanken-durch-messer d_2	Gang-zahl auf 1 Zoll z	Flanken-durchmesser D_2 mittel	grob	Kern-durch-messer D_1	Schlüs-sel-weite	Kopf-höhe	Mut-ter-höhe
engl. Zoll	mm	mm	cm²	mm		mm	mm	mm	mm	mm	mm
M 6		4,61	0,17	5,35	1	—	—	—	11	5	5
M 8		6,26	0,31	7,19	1,25	—	—	—	14	6	6,5
M 10		7,92	0,49	9,03	1,5	—	—	—	17	7	8
M (11)		8,92	0,62	10,03	1,5	—	—	—	19	8	9,5
¹/₄″	12,68	9,99	0,784	11,35	12	11,49	11,59	10,61	22	9	11
⁵/₁₆″	15,85	12,92	1,31	14,40	11	14,55	14,65	13,60	27	11	13
³/₈″	19,02	15,80	1,96	17,42	10	17,58	17,69	16,54	32	13	16
⁷/₁₆″	22,19	18,61	2,72	20,42	9	20,59	20,70	19,41	36	16	18
1″	25,36	21,34	3,58	23,37	8	23,55	23,67	22,19	41	18	20
1¹/₈″	28,53	23,93	4,50	26,25	7	26,44	26,57	24,88	46	20	22
1¹/₄″	31,70	27,10	5,77	29,43	7	29,62	29,75	28,05	50	22	25
1³/₈″	34,87	29,51	6,84	32,22	6	32,42	32,56	30,56	55	24	28
1¹/₂″	38,05	32,68	8,39	35,39	6	35,60	35,74	33,73	60	27	30
1⁵/₈″	41,21	34,77	9,50	38,02	5	38,25	38,40	35,92	65	30	32
1³/₄″	44,39	37,95	11,31	41,20	5	41,43	41,58	39,10	70	32	35
(1⁷/₈″)	47,56	40,40	12,82	44,01	4¹/₂	44,25	44,41	41,65	75	34	38
2″	50,73	43,57	14,91	47,19	4¹/₂	47,43	47,59	44,82	80	36	40
2¹/₄″	57,07	49,02	18,87	53,09	4	53,34	53,51	50,42	85	40	45
2¹/₂″	63,42	55,37	24,08	59,44	4	59,69	59,86	56,77	95	45	50
2³/₄″	69,76	60,56	28,80	65,21	3¹/₂	65,48	65,66	62,11	105	48	55
3″	76,11	66,91	35,16	71,56	3¹/₂	71,83	72,01	68,46	110	52	60
3¹/₄″	82,46	72,54	41,33	77,55	3¹/₄	77,83	78,02	74,24	120	58	65
3¹/₂″	88,81	78,89	48,89	83,90	3¹/₄	84,18	84,37	80,59	130	62	70
3³/₄″	95,15	84,41	55,96	89,83	3	90,12	90,32	86,21	135	65	75
4″	101,50	90,76	64,70	96,18	3	96,47	96,67	92,56	145	70	80
4¹/₄″	107,84	96,64	73,35	102,30	2⁷/₈	102,60	102,80	98,54	155	75	85
4¹/₂″	114,19	102,90	83,31	108,65	2⁷/₈	108,95	109,15	104,89	165	80	90
4³/₄″	120,54	108,83	93,01	114,74	2³/₄	115,05	115,25	110,83	175	85	95
5″	125,89	115,18	104,2	121,09	2³/₄	121,40	121,60	117,18	180	88	100
5¹/₄″	133,24	120,96	114,9	127,16	2⁵/₈	127,47	127,68	123,06	190	90	105
5¹/₂″	139,59	127,31	127,3	133,51	2⁵/₈	133,82	134,03	129,41	200	95	110
5³/₄″	145,93	133,04	139,0	139,55	2¹/₂	139,87	140,08	135,24	210	100	115
6″	152,28	139,39	152,6	145,90	2¹/₂	146,22	146,43	141,59	220	105	120

¹) Das Größtmaß des Außendurchmessers D der Mutter ist zahlenmäßig nicht festgelegt. Angegeben ist das Kleinstmaß ²).

²) Diese Werte stimmen mit den Werten von DIN 11 überein. DIN 12 ist gestrichen, die Werte dieses Blattes liegen innerhalb der Grenzmaße von DIN 11₄.

9. Whitworth-Rohrgewinde.

Whithworth-Rohrgewinde mit Spitzenspiel DIN 260.

Gewindedurchm. des Bolzens d mm	9,594	12,960	16,465	20,687	22,643	26,174	29,933	32,908	37,556	41,570	43,983	47,463	—	53,407	59,274	65,371	74,845	81,195	87,546
Kerndurchm. des Bolzens d_1 mm	8,567	11,446	14,951	18,632	20,588	24,119	27,878	30,293	34,941	38,954	41,367	44,847	—	50,791	56,659	62,755	72,230	78,580	84,930
Gewindedurchm. der Mutter D mm	9,729	13,158	16,663	20,956	22,912	26,442	30,302	33,250	37,898	41,912	44,325	47,805	—	53,748	59,616	65,712	75,187	81,537	87,887

Gasgewinde nach Whitworth.

		$R\,1/8''$	$R\,1/4''$	$R\,3/8''$	$R\,1/2''$	$R\,5/8''$	$R\,3/4''$	$R\,7/8''$	$R\,1''$	$R\,1\,1/8''$	$R\,1\,1/4''$	$R\,1\,3/8''$	$R\,1\,1/2''$	$R\,1\,5/8''$	$R\,1\,3/4''$	$R\,2''$	$R\,2\,1/4''$	$R\,2\,1/2''$	$R\,2\,3/4''$	$R\,3''$
Lichter Rohrdurchm.	D mm	3,175	6,350	9,525	12,700	15,875	19,050	22,225	25,400	28,574	31,749	34,924	38,099	41,274	44,449	50,799	57,149	63,449	69,849	76,199
Auß. Gewindedurchm.	Zoll engl.	0,3825	0,5180	0,6563	0,8257	0,9022	1,0410	1,1890	1,3090	1,4920	1,6500	1,7450	1,8825	2,0210	2,0470	2,3470	2,5875	3,0013	3,2470	3,4850
	d mm	9,7153	13,1569	16,6697	20,9724	22,9154	26,4409	30,2000	33,2479	37,8961	41,9092	44,3221	47,8146	51,3324	51,9927	59,6126	65,7212	76,2315	82,4722	88,5173
Kerndurchm.	Zoll engl.	0,3367	0,4506	0,5889	0,7342	0,8107	0,9495	1,0975	1,1925	1,3755	1,5335	1,6285	1,7660	1,9045	1,9305	2,2305	2,4710	2,8848	3,1305	3,3685
	d_1 mm	8,5520	11,4450	14,9578	18,6483	20,5913	24,1168	27,8759	30,2889	34,9371	38,9502	41,3631	44,8556	48,3734	49,0337	56,6536	62,7622	73,2725	79,5132	85,5583

Whitworth-Rohrgewinde und Gasgewinde: Zahl der Gänge auf 1" engl.

28	19	19	14	14	14	14	11	11	11	11	11	11	11	11	11	11	11	11

10. Normaldurchmesser für Transmissionen lt. DIN 114.

25 30 35 40 45 50 55 60
70 80 90 100 110 125 140 160 usw.

um je 20 mm zunehmend bis 500.

11. Lastdrehzahlen. DIN 112.

25	45	80	140	250	450	800	1400
28	50	90	160	280	500	900	1600
32	56	100	180	320	560	1000	
36	63	112	200	360	630	1120	
40	71	125	225	400	710	1250	

Abdruck der Normenblätter des Deutschen Normenausschusses. Verbindlich für die vorstehenden Angaben bleiben die Dinormen. Normenblätter sind durch den Beuth-Verlag G. m. b. H., Berlin SW 19, Dresdener Str. 97, zu beziehen.

12. Zahnräder.

Modulreihe.

Maße in mm. DIN 780.

Modul m	Teilung t	Modul m	Teilung t	Modul m	Teilung t
0,3	0,942	3,75	11,781	20	62,832
0,4	1,257	4	12,566	22	69,115
0,5	1,571	4,5	14,137	24	75,398
0,6	1,885	5	15,708	27	84,823
0,7	2,199	5,5	17,279	30	94,248
0,8	2,513	6	18,850	33	103,673
0,9	2,827	6,5	20,420	36	113,097
1	3,142	7	21,991	39	122,522
1,25	3,927	8	25,133	42	131,947
1,5	4,712	9	28,274	45	141,372
1,75	5,498	10	31,416	50	157,080
2	6,283	11	34,558	55	172,788
2,25	7,069	12	37,699	60	188,496
2,5	7,854	13	40,841	65	204,204
2,75	8,639	14	43,982	70	219,912
3	9,425	15	47,124	75	235,619
3,25	10,210	16	50,265		
3,5	10,996	18	56,549		

13. Nutzspannung k_n in kg/cm² für Riemen aus bestem Leder und $\alpha = 180°$[1]).

δ = Riemendicke in cm, D = Riemenscheibendurchmesser in cm.

Riemengeschwindigkeit in m/s	3	5	10	15	20	25	30	35	40	45
δ/D					Nutzspannung k_n in kg/cm²					
1/400	19,5	20,5	22	23	23	23	21	19	16	13
1/200	19	20	21,5	22,5	22,5	22	20	18	15	12
1/100	17	18	20	21	21	20,5	19	17	14	10,5
1/70	16	17	19	20	20	19	17,6	15,5	12,5	9
1/50	14	15,2	17	18	18	17,5	16	14	11	7,5

Bei der Mittelsorte des Leders sind 14 %, bei der geringsten Sorte 32 % an Breite zuzuschlagen.

---

[1]) Nach Hütte, Taschenbuch, 26. Aufl. Berlin: Ernst & Sohn 1931.

14. Gußeiserne Muffenrohre für Nenndruck 10, Betriebsdruck: I (W) 10.

Maße in mm.

Bezeichnung: Gußeisernes Muffendruckrohr 250×4000 DIN 2432. Nach DIN 2432.

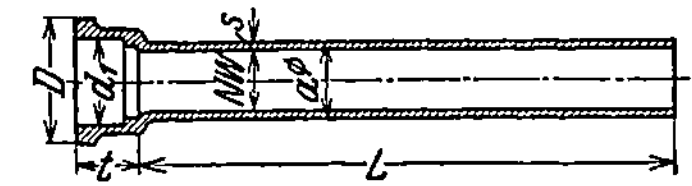

| Nenn-weite | Rohr | | | Muffe | | | Gewicht mit $\gamma = 7{,}25$ kg/dm³ | | |
| | Durch-messer | Wand-dicke | Lager-längen (Bau-langen) | Durch-messer | Tiefe | Durch-messer | von 1 m Rohr ohne Muffe | eines Rohres von Lagerlange (Baulänge) L mit Muffe | von 1 m Rohr mit Muffen-anteil |
NW	a ¹)	s	L	d_1	t	D	kg	kg	kg
40	55	7,5	2000 2500 3000	69	74	115	8,11	18,9 23,0 27,0	9,45 9,20 9,00
50	65	7,5	2500 3000	80	77	126	9,82	27,7 32,6	11,1 10,9
(60)	76	8	3000 3500	91	80	139	12,4	42,0 47,3	14,0 13,5
70	86	8	3000 3500	101	82	149	14,2	47,0 54,1	15,7 15,5
80	97	8,5	3500 4000	112	84	162	17,1	64,9 73,5	18,5 18,4
(90)	107	8,5	3500 4000	122	86	172	19,1	72,6 82,1	20,7 20,5
100	118	9	3500 4000	133	88	183	22,3	84,3 95,4	24,1 23,9
125	144	9,5	4000	159	91	211	29,1	124	31,0
150	170	10	4000 5000	185	94	239	36,4	156 192	39,0 38,4
(175)	197	11	4000 5000	212	97	268	46,6	198 245	49,5 49,0
200	222	11	4000 5000	238	100	296	52,9	226 279	56,5 55,8
225	249	12	4000 5000	265	100	325	64,8	276 341	69,0 68,2
250	274	12	4000 5000	291	103	353	71,6	306 378	76,5 75,6
(275)	299	12	4000 5000	316	103	380	78,4	336 415	84,0 83,0
300	326	13	4000 5000	343	105	409	92,7	397 489	99,3 97,8
350	378	14	4000 5000	395	107	465	116	496 612	124 122
400	428	14	4000 5000	447	110	519	132	567 699	142 140
450	480	15	4000 5000	499	112	573	159	681 840	170 168
500	532	16	4000 5000	552	115	630	188	807 995	202 119
(550)	582	16	4000 5000	602	117	682	206	886 1090	222 218
600	634	17	4000 5000	655	120	737	239	1030 1270	257 253
700	738	19	4000 5000	760	125	850	311	1340 1650	336 331
800	842	21	4000 5000	866	130	964	393	1700 2090	425 419
900	946	23	4000 5000	971	135	1075	484	2100 2580	524 516
1000	1048	24	4000 5000	1074	140	1184	560	2440 3000	609 599
1100	1152	26	4000 5000	1178	145	1296	667	2910 3580	728 716
1200	1256	28	4000 5000	1282	150	1408	783	3430 4210	857 842

Die eingeklammerten Größen sind möglichst zu vermeiden.

¹) Die Außendurchmesser a sind feststehende Maße; bei vergrößerter Wanddicke verringert sich entsprechend die lichte Weite.

Gußeisenmuffen nach DIN 2437.   Ausführung: Innen und außen asphaltiert.

15. Gußeiserne Flanschenrohre für Nenndruck 10, Betriebsdruck: 1 (W) 10.

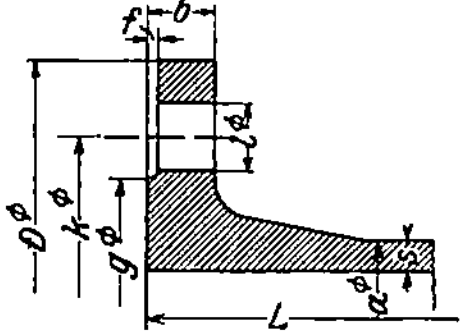

Bezeichnung: Gußeisernes Flanschenrohr 250 × 3000 DIN 2422.   Nach DIN 2422.

Nennweite NW	Rohr			Flansch			Schrauben			Arbeitsleiste		Gewicht	
	Durchmesser a^1)	Wanddicke s	Lagerlängen L	Durchmesser D	Dicke b	Lochkreisdurchmesser k	Anzahl	Gewinde engl. Zoll	Lochdurchmesser l	Durchmesser g	Höhe f	von 1 m Rohr ohne Flansch	eines Flanschenrohres von Lagerlänge L = 3000 mm
mm	mm	mm	mm	mm	mm	mm			mm	mm	mm	kg/m	kg
40	55	7,5		150	18	110	4	$^5/_8{}''$	18	88	3	8,11	27,9
50	65	7,5		165	20	125	4	$^5/_8{}''$	18	102	3	9,82	34,4
(60)	76	8		175	20	135	4	$^5/_8{}''$	18	112	3	12,4	42,4
70	86	8		185	20	145	4	$^5/_8{}''$	18	122	3	14,2	48,4
80	97	8,5	2000	200	22	160	4	$^5/_8{}''$	18	138	3	17,1	58,9
(90)	107	8,5	und	210	22	170	8	$^5/_8{}''$	18	148	3	19,1	65,3
100	118	9	3000	220	22	180	8	$^5/_8{}''$	18	158	3	22,3	75,5
(110)	128	9		230	22	190	8	$^5/_8{}''$	18	168	3	24,4	81,9
125	144	9,5		250	24	210	8	$^5/_8{}''$	18	188	3	29,1	98,5
150	170	10		285	24	240	8	$^3/_4{}''$	22	212	3	36,4	122
(175)	197	11		315	26	270	8	$^3/_4{}''$	22	242	3	46,6	157
200	222	11		340	26	295	8	$^3/_4{}''$	22	268	3	52,9	178
(225)	249	12		370	26	325	8	$^3/_4{}''$	22	295	3	64,8	216
250	274	12		395	28	350	12	$^3/_4{}''$	22	320	3	71,6	241
(275)	299	12		420	28	375	12	$^3/_4{}''$	22	345	4	78,4	262
300	326	13		445	28	400	12	$^3/_4{}''$	22	370	4	92,7	305
350	378	14	3000	505	30	460	16	$^3/_4{}''$	22	430	4	116	385
400	428	14	und	565	32	515	16	$^7/_8{}''$	25	482	4	132	443
450	480	15	4000	615	32	565	20	$^7/_8{}''$	25	532	4	159	528
500	532	16		670	34	620	20	$^7/_8{}''$	25	585	4	188	625
(550)	582	16		730	36	675	20	$1''$	30	635	4	206	694
600	634	17		780	36	725	20	$1''$	30	685	5	239	795
700	738	19		895	40	840	24	$1''$	30	800	5	311	1043
800	842	21		1015	44	950	24	$1^1/_8{}''$	33	905	5	393	1330
900	946	23		1115	46	1050	28	$1^1/_8{}''$	33	1005	5	484	1622
1000	1048	24		1230	50	1160	28	$1^1/_4{}''$	36	1110	5	560	1906
1100	1152	26		1340	52	1270	32	$1^1/_4{}''$	36	1220	5	667	2262
1200	1256	28		1455	56	1380	32	$1^3/_8{}''$	40	1330	5	783	2674

^{1}) Die Außendurchmesser a sind feststehende Maße; bei vergrößerter Wanddicke verringert sich entsprechend die lichte Weite. Halbrohe Sechskantschrauben mit Mutter nach Din 418, Ausführung B. Die eingeklammerten Größen sind möglichst zu vermeiden.

Abdruck der Normenblätter des Deutschen Normenausschusses. Verbindlich für die vorstehenden Angaben bleiben die Dinormen. Normenblätter sind durch den Beuth-Verlag G.m.b.H., Berlin SW 19, Dresdener Str. 97, zu beziehen.

16. Druckstufen für Rohrleitungen. Nach DIN 2401. kg/cm².

Nenndruck *ND*	1	2,5	6	10	16	20	25	32	40	50	64	80	100
Größter zulässiger Betriebsdruck für — I (W) für Flüssigkeiten, Gase und Dämpfe bis 120°, Flansche und Rohre	1	2,5	6	10	16	20	25	32	40	50	64	80	100
II (G) für Flüssigkeiten, Gase und Dämpfe bis 300°, Flansche und Rohre	1	2	5	8	13	16	20	25	32	40	50	64	80
III (H) für Flüssigkeiten, Gase und Dämpfe bis 400° — Flansche	—	—	—	—	13¹)	—	20	—	32	—	40	—	64
III (H) — Rohre	—	—	—	—	10	13	16	20	25	32	40	50	64
Probedruck	2	4	10	16	25	32	40	50	60	75	96	120	150

¹) Für Heißdampfbetriebsdruck 13 sind Armaturen und Formstücke nicht genormt. Empfohlen werden dafür solche für Nenndruck 25.

17. Anschlußmaße der Flanschen für Rohrleitungen.

Nach DIN 2501, 2502, 2503.

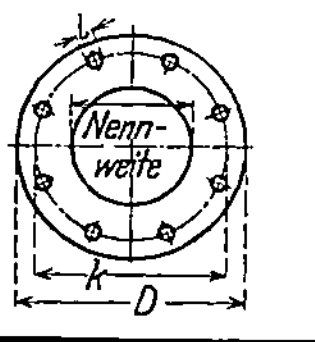

Die Abb. ist nur für die Anordnung, aber nicht für die Anzahl der Schrauben maßgebend.

Nenndruck 1 bis 6 — Betriebsdrücke I (W) 1 bis 6, II (G) 1 bis 5.

NW	Flansch-durchmesser D mm	Lochkreis-durchmesser k mm	Schrauben Anzahl	Schrauben Gewinde engl. Zoll	Loch-durchm. l mm
25	100	75	4	M 10	11,5
32	120	90	4	1/2″	15
40	130	100	4	1/2″	15
50	140	110	4	1/2″	15
(60)	150	120	4	1/2″	15
(70)	160	130	4	1/2″	15
80	190	150	4	5/8″	18
(90)	200	160	4	5/8″	18
100	210	170	4¹)	5/8″	18
(110)	220	180	8	5/8″	18
125	240	200	8	5/8″	18
(140)	255	215	8	5/8″	18
150	265	225	8	5/8″	18
(160)	275	235	8	5/8″	18
(175)	295	255	8	5/8″	18
200	320	280	8	5/8″	18
(225)	345	305	8	5/8″	18
250	375	335	12	5/8″	18
(275)	400	360	12	5/8″	18
300	440	395	12	3/4″	22
(325)	465	420	12	3/4″	22
350	490	445	12	3/4″	22
(375)	515	470	16	3/4″	22
400	540	495	16	3/4″	22
450	595	550	16	3/4″	22
500	645	600	20	3/4″	22

Nenndruck 10 — Betriebsdrücke I (W) 10, II (G) 8.

NW	Flansch-durchmesser D mm	Lochkreis-durchmesser k mm	Schrauben Anzahl	Schrauben Gewinde engl. Zoll	Loch-durchm. l mm
25	115	85	4	1/2″	15
32	140	100	4	5/8″	18
40	150	110	4	5/8″	18
50	165	125	4	5/8″	18
(60)	175	135	4	5/8″	18
(70)	185	145	4	5/8″	18
80	200	160	4	5/8″	18
(90)	210	170	8	5/8″	18
100	220	180	8	5/8″	18
(110)	230	190	8	5/8″	18
125	250	210	8	5/8″	18
(140)	265	225	8	5/8″	18
150	285	240	8	3/4″	22
(160)	295	250	8	3/4″	22
(175)	315	270	8	3/4″	22
200	340	295	8	3/4″	22
(225)	370	325	8	3/4″	22
250	395	350	12	3/4″	22
(275)	420	375	12	3/4″	22
300	445	400	12	3/4″	22
(325)	475	430	16	3/4″	22
350	505	460	16	3/4″	22
(375)	540	490	16	7/8″	25
400	565	515	16	7/8″	25
450	615	565	20	7/8″	25
500	670	620	20	7/8″	25

Nenndruck 16 — Betriebsdrücke I (W) 16, II (G) 13, III (H) 13.

NW	Flansch-durchmesser D mm	Lochkreis-durchmesser k mm	Schrauben Anzahl	Schrauben Gewinde engl. Zoll	Loch-durchm. l mm
25	115	85	4	1/2″	15
32	140	100	4	5/8″	18
40	150	110	4	5/8″	18
50	165	125	4	5/8″	18
(60)	175	135	4	5/8″	18
(70)	185	145	4	5/8″	18
80	200	160	8	5/8″	18
(90)	210	170	8	5/8″	18
100	220	180	8	5/8″	18
(110)	230	190	8	5/8″	18
125	250	210	8	5/8″	18
(140)	265	225	8	5/8″	18
150	285	240	8	3/4″	22
(160)	295	250	8	3/4″	22
(175)	315	270	8	3/4″	22
200	340	295	12	3/4″	22
(225)	370	325	12	3/4″	22
250	405	355	12	7/8″	25
(275)	435	385	12	7/8″	25
300	460	410	12	7/8″	25
(325)	490	440	16	7/8″	25
350	520	470	16	7/8″	25
(375)	555	500	16	1″	28
400	580	525	16	1″	28
450	640	585	20	1″	28
500	715	650	20	1 1/8″	32

Nenndruck 25 — Betriebsdrücke I (W) 25, II (G) 20, III (H) 20.

NW	Flansch-durchmesser D mm	Lochkreis-durchmesser k mm	Schrauben Anzahl	Schrauben Gewinde engl. Zoll	Loch-durchm. l mm
25	115	85	4	1/2″	15
32	140	100	4	5/8″	18
40	150	110	4	5/8″	18
50	165	125	4	5/8″	18
(60)	175	135	8	5/8″	18
(70)	185	145	8	5/8″	18
80	200	160	8	5/8″	18
(90)	225	180	8	3/4″	22
100	235	190	8	3/4″	22
(110)	245	200	8	3/4″	22
125	270	220	8	7/8″	25
(140)	290	240	8	7/8″	25
150	300	250	8	7/8″	25
(160)	310	260	8	7/8″	25
(175)	330	280	12	7/8″	25
200	360	310	12	7/8″	25
(225)	395	340	12	1″	28
250	425	370	12	1″	28
(275)	455	400	12	1″	28
300	485	430	16	1″	28
(325)	525	460	16	1 1/8″	32
350	555	490	16	1 1/8″	32
(375)	595	525	16	1 1/4″	35
400	620	550	16	1 1/4″	35
450	670	600	20	1 1/4″	35
500	730	660	20	1 1/4″	35

Nenndruck 40 — Betriebsdrücke I (W) 40, II (G) 32, III (H) 32.

NW	Flansch-durchmesser D mm	Lochkreis-durchmesser k mm	Schrauben Anzahl	Schrauben Gewinde engl. Zoll	Loch-durchm. l mm
25	115	85	4	1/2″	15
32	140	100	4	5/8″	18
40	150	110	4	5/8″	18
50	165	125	4	5/8″	18
(60)	175	135	8	5/8″	18
(70)	185	145	8	5/8″	18
80	200	160	8	5/8″	18
(90)	225	180	8	3/4″	22
100	235	190	8	3/4″	22
(110)	245	200	8	3/4″	22
125	270	220	8	7/8″	25
(140)	290	240	8	7/8″	25
150	300	250	8	7/8″	25
(160)	325	270	12	1″	28
(175)	350	295	12	1″	28
200	375	320	12	1″	28
(225)	420	355	16	1 1/8″	32
250	450	385	16	1 1/8″	32
(275)	480	415	16	1 1/8″	32
300	515	450	16	1 1/8″	32
(325)	550	480	16	1 1/4″	35
350	580	510	16	1 1/4″	35
(375)	625	550	16	1 3/8″	38
400	660	585	16	1 3/8″	38
450	—	—	—	—	—
500	—	—	—	—	—

Die eingeklammerten Größen sind möglichst zu vermeiden. — ¹) Für Ölleitungen werden 8 Schrauben empfohlen. Druckstufen nach DIN 2401. — Abdruck der Normenblätter des Deutschen Normenausschusses. Verbindlich für die vorstehenden Angaben

18. Nahtlose Flußstahlrohre (handelsüblich) nach DIN 2449.

Flußstahl St 00.29 DIN 1629 für Nenndruck 1 bis 25.
Betriebsdrücke: I (W) 1 bis I (W) 25; II (G) 1 bis II (G) 20[1]). Rohrleitungen.
Bezeichnung: Nahtloses Rohr 108 × 3,75 DIN 2449.

| Nenn-weite | Außen-durch-messer | Nenndruck ND 1 bis 25 | | Nenn-weite | Außen-durch-messer | Nenndruck ND 1 bis 25 | |
| | | Betriebsdrücke[2]) I (W) 1 bis I (W) 25 II (G) 1 bis II (G) 20 | | | | Betriebsdrücke[3]) I (W) 1 bis I (W) 25 II (G) 1 bis II (G) 20 | |
NW mm	mm	Wand-dicke mm	Gewicht kg/m mit $\gamma =$ 7,85 kg/dm³	NW mm	mm	Wand-dicke mm	Gewicht kg/m mit $\gamma =$ 7,85 kg/dm³
4	8	1,5	0,240	125	133	4	12,7
6	10	1,5	0,314	(130)[3])	140	4,5	15,0
8	12	1,5	0,388	(140)	152	4,5	16,4
10	14	2	0,592	150	159	4,5	17,2
13	18	2	0,789	(160)	171	4,5	18,5
(16)	22	2	0,987	(175)	191	5,5	25,2
20	25	2	1,13	200	216	6,5	33,6
25	30	2,5	1,70	(225)	241	6,5	37,6
32	38	2,5	2,19	250	267	7	44,9
40	44,5	2,5	2,59	(275)	292	7,5	52,6
50	57	2,75	3,68	300	318	8	61,2
(60)	70	3	4,96	(325)	343	8	66,1
70	76	3	5,40	350	368	8	71,0
80	89	3,25	6,87	(375)	394	9	85,5
(90)	102	3,75	9,09	400	419	10	101
100	108	3,75	9,64				
(110)	121	4	11,5				
(120)[3])	127	4	12,1				

Die eingeklammerten Größen möglichst vermeiden.
Bestellung nach Außendurchmesser und Wanddicke, nicht nach Nennweite. Lieferart: In wechselnden Herstellungslängen, genaue Längen sind besonders vorzuschreiben.

19. Flußstahlgewinderohre. Nach DIN 2440, Gasrohre und DIN-Vornorm 2441, Dampfrohre (dickwandige Gasrohre)[1]).

Bezeichnung: Nahtloses Gasrohr 2″ DIN 2440.

| Nennweite | | Außen-durchmesser | Gasrohre DIN 2440 | | Dampfrohre DIN 2441 | |
Zoll	mm	mm	Wanddicke mm	Gewicht kg/m	Wanddicke mm	Gewicht kg/m
1/8″	6	10	2	0,395	2,5	0,462
1/4″	8	13,25	2,25	0,610	2,75	0,712
3/8″	10	16,75	2,25	0,805	2,75	0,950
1/2″	15	21,25	2,75	1,25	3,25	1,44
3/4″	20	26,75	2,75	1,63	3,5	2,01
1″	25	33,5	3,25	2,42	4,0	2,91
1 1/4″	32	42,25	3,25	3,13	4,0	3,77
1 1/2″	40	48,25	3,5	3,86	4,25	4,61
2″	50	60	3,75	5,20	4,5	6,16
(2 1/4″)	(60)	66	3,75	5,76	4,5	6,83
2 1/2″	70	75,5	3,75	6,64	4,5	7,88
3″	80	88,25	4	8,31	4,75	9,78
(3 1/2″)	(90)	101	4,25	10,1	5,0	11,8
4″	100	113,5	4,25	11,5	5,0	13,4
(4 1/2″)	(110)	126,5	4,25	12,8	5,5	16,4
5″	125	139	4,5	14,9	5,5	18,1
(5 1/2″)	(140)	152	4,5	16,4	5,5	19,9
6″	150	164,5	4,5	17,8	5,5	21,6

Ausführung: Nahtlos von Nennweiten 1/8″ bis einschl. 6″, stumpf geschweißt von Nenn-weiten 1/8″ bis einschl. 2″. Flußstahl St 00.29 DIN 1629.
Die eingeklammerten Größen sind möglichst zu vermeiden.

[1]) Handelslängen: 4 bis 7 m.   [2]) Nicht für Heißdampf.   [3]) Nur für Heizungsindustrie.

Sechster Abschnitt: Die Dampferzeugungsanlagen.

1. Mittlere Werte für B/F_r und q_r.

Rostart	Unterer Heizwert kcal/kg	Rostbelastung kg/m²h	Rostwärme-belastung 10⁶ kcal/m²h
Steinkohlenroste:			
Starrer Planrost	7500	80—100	0,6 —0,7
Wanderrost ohne Unterwind . .	7500	100—120	0,75—0,9
Wanderrost mit Unterwind . . .	7500	120—140	0,9 —1,05
Zonenwanderrost	7500	200—240	1,5 —1,8
Unterschubrost (Stoker)	7500	200—240	1,5 —1,8
Rückschubrost	2500	700—800	1,8 —2,0
Braunkohlenroste:			
Starrer Treppen- und Muldenrost	2300	200—300	0,46—0,69
Mech. Treppenrost (Vorschubrost)	2300	350—450	0,8 —1,0
Mech. Muldenrost	2300	350—450	0,8 —1,0

2. Mittlere Werte für D/F_h (bezogen auf Normaldampf).

Kesselbauart	Heizflächenbelastung kg/m²h
Flammrohrkessel	20÷30
Lokomobilkessel	14÷27
Lokomotivkessel	40÷60
Schiffskessel	25÷50
Wasserrohrkessel	25÷35
Wasserrohrkessel mit Strahlungsheizfläche	40÷80
Strahlungskessel	80 und mehr

3. Ungefähre Werte der Breitenleistungen für B/b und D/b. (Nach Münzinger.) [1]

Rostart	B/b in t/mh	D/b in t/mh	
Starrer Treppenrost o. U.	1,0	3,0	
Mech. Schrägrost m. U.	3,0	9,3	
Doppelrost m. U.	3,5	11,0	Braun-kohle
Muldenrost m. U.	2,8	8,8	
Rückschubrost m. U.	4,0	7,5	
Wanderrost	3,6	11,0	
Wanderrost m. U.	2 bis 3	17 bis 20	
Unterschubrost	2 bis 3	17 bis 20	Stein-kohle
Rückschubrost	bis 1,7	bis 15	

4. Ungefähre Werte der Feuerraumwärmebelastungen [1].

Feuerung	Feuerraumwärmebelastung in 1000 kcal/m²h
Unterwind-Wanderroste und Unterschubroste für Steinkohle ohne Kühlfläche	200 bis 225
mit Kühlfläche	300 „ 450
Unterwind-Wanderroste und Muldenroste für Braunkohle	300 „ 450
Kohlenstaubfeuerung ohne Kühlfläche	100 „ 150
Kohlenstaubfeuerung mit teilweiser Kühlfläche	150 „ 200
„ „ vollständiger Kühlfläche . .	200 „ 250
„ „ Bailey-Platten	250 „ 300
„ für Lokomotiven	1000 „ 1500
Öl- und Gasfeuerungen	bis 3000

---

[1] **Münzinger:** Dampfkraft. 2. Aufl. Berlin: Julius Springer.

Siebenter Abschnitt: Hebe- und Fördermittel.

1. Lehrenhaltige Ketten für Hebezeuge.

(Flußstahl.) Nach DIN 765.

Bezeichnung: ... m Kette 16 DIN 765.

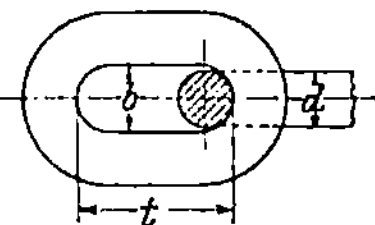

Nennglied-dicke d mm	Innere Breite b mm	Teilung t mm	Nutzlast kg	Gewicht[1]) für 1 m kg	Verwendung
5	8	18,5	175	0,5	} Handketten
6	8	18,5	250	0,72	
7	8	22	350	1	
8	9,5	24	500	1,3	
9,5	11	27	750	1,9	
11	13	31	1000	2,7	
13	16	36	1500	3,75	} Lastketten
16	19	45	2500	5,8	
18	22	50	3060	7,3	
20	25	56	3780	9	
23	28	64	5000	12	

2. Werte für $e^{\mu\alpha}$.   Reibungszahlen der Backenbremsen.

Werkstoff u. Belag d. Backe	Trocken	Gefettet	Werkstoff u. Belag d. Backe	Trocken	Gefettet
Gußeisen (o. Belag) . $\mu=$	0,18÷0,20	0,10÷0,15	Gußeisen oder Holz mit		
Holz (ohne Belag) . $\mu=$	0,30÷0,40	0,15÷0,25	Ferodofibre . . $\mu=$	0,50÷0,60	0,30÷0,50

3. Laufräder mit zweiseitigem Spurkranz und ungleichseitiger Nabe.

Maße in mm.   Nach DIN 4005.

Lauf-rad-durch-messer D	Schie-nen-breite	Bolzen-durch-messer d	Spurkranz				Nabe			Zahnkranz			
			B	v	u	w	m	o	i	Zähne-zahl z	Mo-dul	Teilkreis-durch-messer dm	Zahn-breite b
200	45	45/50	85	15	15	55	110	45	100	40	5	200	45
250	45	50/55	85	15	15	55	120	50	110	50	5	250	50
300	45	55/60	90	15	17,5	55	130	60	120	50	6	300	50

[1]) Die angegebenen Gewichte sind unverbindlich.

4. Sechslitzige Drahtseile für Krane, Aufzüge, Flaschenzüge und ähnliche Zwecke. DIN 655.

Seil-Querschnitte: Fig. A, B, C.

Bezeichnung eines Drahtseiles mit 20 mm Nenndurchmesser aus 6 Litzen zu je 37 Drähten von 0,9 mm Durchmesser mit Zugfestigkeit 160 kg/mm²: Drahtseil 20 B 160 DIN 655[1])

Ausführung	Seil-Nenn-durch-messer d mm	Draht-durch-messer δ mm	Metallischer Gesamt-querschnitt des Seiles F mm²	Gewicht für 1 m g kg	Zugfestigkeit des Einzeldrahtes kg/mm²		
					130	160	180
					Rechnerische Bruchbelastung des Seiles kg		
A **6 × 19 = 114 Drähte und 1 Fasereinlage**	6,5	0,4	14,3	0,135	1 860	2 290	2 570
	7	0,45	18,1	0,17	2 350	2 900	3 260
	8	0,5	22,4	0,21	2 910	3 580	4 030
	9,5	0,6	32,2	0,30	4 190	5 150	5 800
	11	0,7	43,9	0,41	5 700	7 020	7 900
	12,5	0,8	57,3	0,54	7 450	9 170	10 310
	14	0,9	72,5	0,68	9 430	11 600	13 050
	16	1,0	89,4	0,85	11 630	14 320	16 110
	17	1,1	108,3	1,02	14 080	17 330	19 490
	19	1,2	128,9	1,22	16 760	20 620	23 300
	20	1,3	151,3	1,43	19 670	24 190	27 230
	22	1,4	175,5	1,66	22 820	28 060	31 590
B **6 × 37 = 222 Drähte und 1 Fasereinlage**	9	0,4	27,9	0,26	3 630	4 460	5 020
	10	0,45	35,3	0,34	4 590	5 650	6 350
	11	0,5	43,6	0,41	5 670	6 980	7 850
	12	0,55	52 7	0,50	6 850	8 430	9 490
	13	0,6	62,8	0,59	8 160	10 050	11 300
	14	0,65	73,7	0,70	9 580	11 790	13 270
	15	0,7	85,4	0,81	11 100	13 660	15 370
	16	0,75	98,1	0 93	12 750	15 700	17 660
	18	0,8	111,6	1,06	14 510	17 860	20 090
	20	0,9	141,2	1,34	18 360	22 590	25 420
	22	1,0	174,4	1,65	22 670	27 900	31 390
	24	1,1	211,0	2,00	27 430	33 750	37 980
	26	1,2	251,1	2,38	32 640	40 180	45 200
	28	1,3	294,7	2,80	38 310	47 150	53 050
	30	1,4	341,7	3,24	44 420	54 670	61 510
	32	1,5	392,3	3,72	51 000	62 770	70 610
	34	1,6	446,4	4,24	58 030	71 420	80 350
	36	1,7	503,9	4,78	65 510	80 620	90 700
	39	1,8	564,9	5,36	73 440	90 380	101 680
	42	1,9	629,4	5.97	81 820	100 700	113 290
	44	2,0	697,4	6,62	90 660	111 600	125 530
C **6 × 61 = 366 Drähte und 1 Fasereinlage**	20	0,7	140,9	1,33	18 320	22 540	25 360
	22	0,8	183,9	1,74	23 900	29 420	33 100
	25	0,9	232,8	2,21	30 260	37 250	41 900
	28	1,0	287,5	2,73	37 380	46 000	51 750
	30	1,1	347,8	3,30	45 210	55 650	62 600
	33	1,2	413,9	3,93	53 800	66 200	74 500
	36	1,3	485,8	4,61	63 150	77 730	87 440
	39	1,4	563,4	5,35	73 240	90 140	101 410
	41	1,5	646,8	6,14	84 080	103 490	116 420
	44	1,6	735,9	6,99	95 670	117 740	132 460
	47	1,7	830,7	7,89	107 990	132 910	149 530
	50	1,8	931,4	8,84	121 080	149 020	167 650
	52	1,9	1037,7	9,85	134 900	166 030	186 790
	56	2,0	1149,8	10,92	149 470	183 970	206 960

[1]) Die Seile werden blank, in Kreuzschlag und rechtsgängig geliefert, wenn nicht verzinkt, Gleichschlag oder linksgängig besonders vorgeschrieben wird. In diesem Falle müßte die Bezeichnung lauten: **Drahtseil 20 BG I verzinkt 160 DIN 665.** Die Seildurchmesser und Metergewichte dürfen um ±5 vH vom Nennwert abweichen. Die rechnerische Bruchbelastung des Seiles ist das Produkt aus dem metallischen Gesamtquerschnitt des Seiles und der vorgeschriebenen Zugfestigkeit der Drähte. Die ermittelte Bruchbelastung des Seiles darf die angegebene rechnerische Bruchbelastung nicht unterschreiten, sie darf sie überschreiten bei Seilen aus Drähten bis einschließlich 0,7 mm um 15 vH, bei Seilen aus dickeren Drähten um 10 vH.

Ausführung: Seile aus Drähten mit 130 und 160 kg/mm² Zugfestigkeit werden blank oder verzinkt, solche aus Drähten mit 180 kg/mm² Zugfestigkeit nur blank geliefert.

Werkstoff: Stahldraht mit 130 bis 180 kg/mm² Zugfestigkeit.

Abdruck der Normenblätter des Deutschen Normenausschusses. Verbindlich für die vorstehenden Angaben bleiben die Dinormen. Normenblätter sind durch den Beuth-Verlag G.m.b.H., Berlin SW 19, Dresdener Str. 97, zu beziehen.

Konstruktionsblatt.

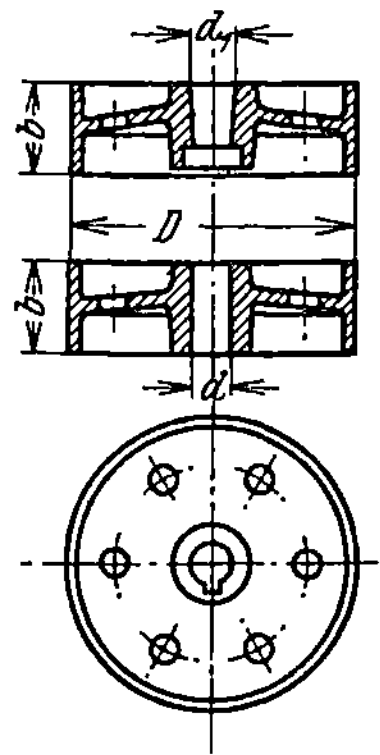

5. Bremsscheiben für Hebemaschinen.

Maße in mm.　　　　　　　　　　　　DIN 4003.

Durchmesser D	Breite b	Bohrung	
		zylindrisch d	kegelig d_1
200	65	20 bis 40	—
250	80	30 „ 50	45 bis 50
320	100	40 „ 65	50 „ 65
400	125	50 „ 75	55 „ 70
500	160	60 „ 90	65 „ 90
640	200	70 „ 100	80 „ 100
800	250	80 „ 125	100 „ 125
1000	320	90 „ 140	125 „ 140

Fehlende Maße sind Konstruktionsmaße. Wird eine andere als die der Bremsscheibe zugeordnete Breite benötigt, so ist diese aus der Breitenreihe der Tabelle zu wählen.
Keilnuten für zylindrische Bohrung nach DIN 141. Keilnuten für kegelige Bohrung nach DIN 496. Werkstoff: Stahlguß oder Gußeisen, je nach Verwendungszweck.

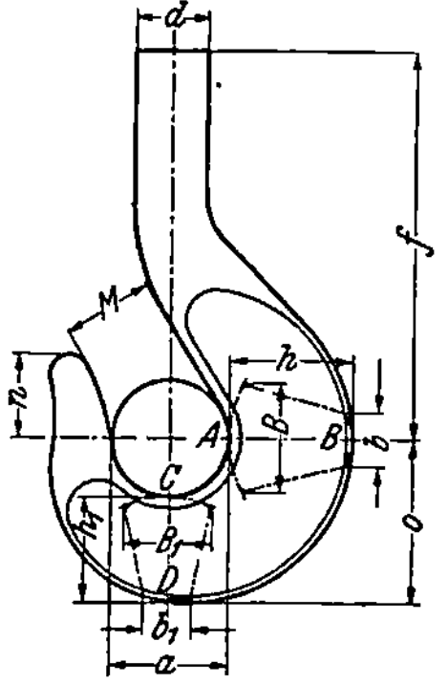

Anordnung des Hakens.

6. Kurzer Haken für normale Unterflaschen.
(Rohling.)

Maße in mm.　　　　　　　Nach DIN 687.

Tragkraft[1] kg	Maul		Schaft		Schnitt $A-B$			Schnitt $C-D$						Gewicht kg
	Durchmesser a	Weite M	d	Kerndurchmesser des Gewindes	h	B	b	h_1	B_1	b_1	f	o	n	
1000	50	40	32	20,5	50	35	15	45	32	23	215	70	50	3,5
2500	70	55	45	31	70	55	20	60	48	30	265	95	60	8
5000	90	·70	60	42,5	100	80	30	85	65	40	320	130	75	19,5
7500	104	85	70	50,5	115	95	35	103	75	45	375	155	85	31,5
10000	120	95	80	56,5	130	110	40	115	85	50	430	175	95	47
15000	140	115	95	65	150	130	50	130	100	60	510	200	105	75
20000	160	130	110	74,5	170	145	60	150	115	70	585	230	120	112
25000	180	145	120	82,5	190	160	65	165	125	80	650	255	135	145
30000	200	160	125	89	205	175	70	180	140	85	700	280	150	185
40000	220	180	135	101	230	200	80	200	155	95	780	310	165	260
50000	240	195	150	112	255	220	90	220	170	105	840	340	180	340

(Die Kerndurchmesser-Spalte trägt die senkrechte Beschriftung „Kleinstmaß".)

[1]) Größte zulässige Betriebslast.
Die Gewichte sind unverbindlich. Werkstoff: St C 25·61.

Abdruck der Normenblätter des Deutschen Normenausschusses. Verbindlich für die vorstehenden Angaben bleiben die Dinormen. Normenblätter sind durch den Beuth-Verlag G.m.b.H., Berlin SW 19, Dresdener Str. 97, zu beziehen.

7. Geschlossene Gleichstrom-Kranmotoren der SSW

Nennleistung (kW) und Nenndreh-

Type hOG	70			90			140			160		
Kennzeichen	A	A	A	A	A	A	A	A	A	A	A	A
15 vH ED. { kW	3,6	5,4	8,3	7,3	9,7	14	9,4	14	19,5	12,5	18,5	25
n/min	575	840	1250	685	875	1270	460	665	950	445	630	850
25 kW ED. { kW	3,2	4,6	7	6,3	8,4	12	8	12	17	11	16	21
n/min	665	915	1360	750	950	1360	510	725	1025	490	685	900
40 vH ED. { kW	2,9	4,1	6,3	5,6	7,5	10,5	7,2	10,5	15	9,8	14	18,5
n/min	740	985	1470	815	1030	1440	550	770	1070	525	730	950
Motorgewicht netto kg	170			245			410			530		

8. Geschlossene, oberflächengekühlte Drehstrom-Kranmotoren der

Nennleistung (kW) und Nenndreh-

Type hOR	44 n—4	55 n—4	64 s—4	64 n—4	64 b—4	76—4	96—4	44 n—6	54 n—6
15 vH ED. { kW	2,2	4,6	6	8	9	12	16	1,5	3,3
n/min	1370	1390	1400	1410	1410	1390	1420	890	910
Kippmoment / Nenndrehmoment	2	2,1	2,1	2,1	2,1	2,2	2,3	2	2,1
Strom im Ständer bei 380 V ≈ A	5,7	10,8	13,5	17,3	19,4	26,5	34	4,3	8,5
Läufer ≈ A	15,5	29	36	37	38	49	49	17,5	20
25 vH ED. { kW	1,9	4	5	6,8	7,8	9,5	13	1,25	2,8
n/min	1390	1400	1410	1420	1420	1415	1435	900	920
Kippmoment / Nenndrehmoment	2,4	2,5	2,5	2,5	2,5	2,7	2,8	2,4	2,5
Strom im Ständer bei 380 V ≈ A	5,1	9,6	11,5	15	17,3	21,5	28	4	7,5
Läufer ≈ A	13,5	25,5	30	31	33	38	39	14,5	17
40 vH ED. { kW	1,6	3,3	4,2	5,7	6,5	7,5	11	1,1	2,4
n/min	1410	1420	1430	1435	1435	1435	1445	915	930
Kippmoment / Nenndrehmoment	2,8	2,9	2,9	2,9	2,9	3,4	3,3	2,8	2,9
Strom im Ständer bei 380 V ≈ A	4,6	8,3	9,8	13	15	17,5	25	3,5	6,7
Läufer ≈ A	11,3	21	25	26	27	29	33	13	14,5
GD^2 . . . . kgm²	0,068	0,157	0,25	0,29	0,35	0,32	0,51	0,09	0,2
Motorgewicht netto kg	50	75	90	102	118	155	180	50	75
Höchste zul. Drehzahl . . . n/min	3000			3000			3000		3000

mit Reihenschlußwicklung für 440 V (Auszug).

zahl (n/min) bei 15,25 und 40 vH ED.

180			230			240		250			270	
A	A	A	A	A	A	B	B	B	B	B	C	C
17	27	35	22	37	47	57	68	57	71	92	105	135
390	565	725	335	520	660	630	745	475	590	770	520	670
15	23,5	30	19	31	40	49	57	48	60	78	90	115
420	610	775	360	540	700	655	790	500	625	815	550	700
13	20,5	26	17	27,5	35	43	51	42	52	68	76	95
455	645	810	385	580	730	690	830	520	645	845	590	735
750			1000			1320		1590			2470	

SSW mit Schleifringläufer und Frequenz 50 Per/s (Auszug).

zahl (n/min) bei 15,25 und 40 vH ED.

64s—6	64b—6	76—6	96—6	116—6	126—6	136—6	156—6	136—8	156—8	1561—8	1562—10	1661—10
4	7	10	14	18	24	30	45	28	36	50	50	62
910	920	920	925	940	940	955	960	705	715	720	570	575
2,1	2,1	2,1	2,2	2,4	2,9	3,1	2,9	2,3	2,6	2,1	2,1	2,1
10,4	17	23,5	31,5	40	52	64	89	62	77	109	118	144
27	29	39	42	58	112	114	145	135	132	191	177	205
3,4	6	8	11	15	20	25	37	22	30	40	40	50
920	930	935	945	950	955	965	970	715	720	725	575	580
2,5	2,5	2,6	2,8	2,9	3,5	3,8	3,6	2,9	3,1	2,6	2,6	2,6
9	15	19,5	25,5	34	45	55	75	51	66	90	98	119
23	25	30	33	48	93	95	120	105	110	153	142	160
2,8	5	6,5	9	12	16	21	31	17,5	24	32	32	40
935	940	945	955	960	965	970	975	725	725	730	580	585
2,9	2,9	3,2	3,4	3,6	4,4	4,5	4,3	3,6	3,8	3,2	3,2	3,2
7,5	13	17	22,5	29	38	48	66	43	56	77	86	104
19	21	25	26	38	75	80	100	83	87	122	114	128
0,28	0,45	0,49	0,75	1,1	1,8	3	4,6	3,5	6,3	7,4	8,5	13,2
90	118	162	182	210	280	380	485	375	480	645	730	900
3000			2500			2500	2500	1800		1800	1500	

9. Laufkrane für elektrischen Antrieb der Demag A.-G., Duisburg.

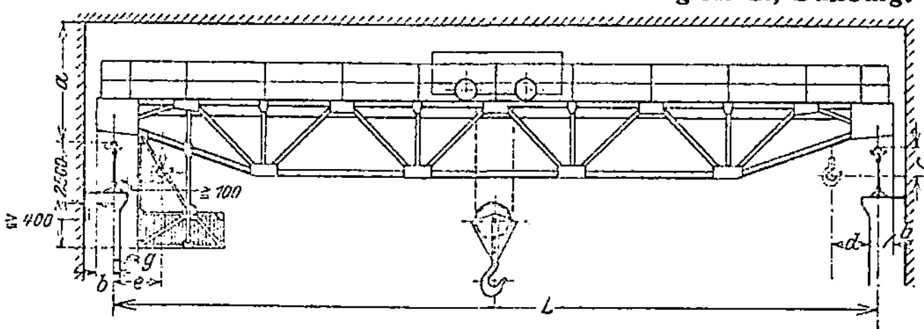

Stützweite L (m)	a (mm)	b (mm)	c (mm)	ohne Hilfshub d (mm)	e (mm)	g (mm)	Radstand h (mm)	Gesamtlänge des Kopfträgers (mm)	Raddruck[1]	Schienenbreite[1] (mm)	Heben m/Min.	Heben PS	Hilfsheben m/Min.	Hilfsheben PS	Katzfahren m/Min.	Katzfahren PS	Kranfahren m/Min.	Kranfahren PS	Gewicht der Katze (t)	des vollst. Krans ohne Hilfshub (t)	mit Hilfshub (t)
10	1600		400				2400	3400	6,0	45							125			10,0	
14							2600	3600	6,5	45							105			12,0	
20		200		850	750	400	3000	4000	7,5	45	7,5	12	—	—	30	2,0	90	10	2,8	15,5	—
26	1700		300				3600	4600	8,5	55							80			20,2	
30							4000	5000	9,0	55							70			23,7	
10	1700		400				2600	3700	7,5	45							100			11,2	
14							2600	3700	8,1	55							90			13,4	
20		220		900	800	400	3000	4100	9,2	55	7,5	19	—	—	30	3,5	75	10	3,0	17,2	—
26	1800		300				3600	3700	10,3	55							70			22,5	
30							4000	5100	11,3	55							60			26,6	
10	1800		400				2800	4000	9,0	55							110			13,0	15,0
14							2800	4000	9,7	55							100			15,1	17,3
20		230		950	1000	400	3000	4200	10,9	55	9	28	13	12	30	4,5	85	14	4,0	19,6	21,8
26	1900		300				3600	4800	12,2	65							75			25,6	27,7
30							4000	5200	13,4	65							65			30,0	32,2
10	2100		400				3200	4400	12,2	55							110			16,2	18,3
14							3200	4400	13,1	55							100			19,1	21,2
20		250		1000	1100	500	3200	4400	14,6	55	8,8	44	13	12	30	5,5	85	20	5,0	24,5	26,6
26	2200		300				3600	4900	16,2	65							80			30,8	33,0
30							4000	5300	17,4	65							75			36,0	38,0
10	2150		500				3400	4700	15,3	65							105			18,5	21,0
14							3400	4700	16,0	65							95			21,5	24,1
20		275		1050	1100	600	3400	4700	17,9	65	6,6	44	12	19	30	7,5	80	20	5,8	27,5	30,0
26	2250		400				3600	4900	19,7	65							70			35,0	37,5
30							4000	5300	20,9	75							65			40,0	42,8
10	2300		700				4000	5200	20,6	75							100			22,9	26,0
14							4000	5200	22,0	75							95			26,5	29,6
20		300		1200	1150	600	4000	5300	24,1	75	4,4	44	11,5	28	30	10	85	32	8,0	33,0	36,2
26	2400		600				4000	5300	26,1	75							80			40,7	44,0
30							4000	5500	27,6	75							75			46,7	50,0
10	2600		800				4200	5500	31,8	90							90			32,0	36,9
14							4200	5500	33,7	90							85			36,1	41,1
20		350		1400	1500	600	4200	5500	36,6	90	3,3	56	13	44	26	14	75	42	11,0	44,2	49,3
26	2700		700				4200	5600	39,4	100							70			54,8	60,0
30							4200	5800	41,3	100							65			62,8	68,0
10	3000		1000				4600	6100	45,0	100							80			42,3	48,3
14							4600	6100	48,4	120							75			48,2	54,4
20		400		1500	1600	600	4600	6100	52,7	120	2,6	66	9	44	18	14	70	58	20,0	60,3	66,4
26	3100		900				4600	6300	56,7	120							65			75,5	81,6
30							4600	6300	59,7	120							60			86,8	93,0

1) Für Laufkrane mit 4 Laufrädern. Der erste Teil der Tabelle ist ein Auszug aus den DIN 698, Bl. 1 und 2.

Die Bremskraft kann mit $1/7$ des größten Raddrucks für ein Rad, der Querschub auf einer Seite mit 10 vH des Raddrucks für jedes Rad, auf beiden Seiten mit 15 vH des Raddrucks für jedes Rad eingeführt werden.

Abdruck der Normenblätter des Deutschen Normenausschusses. Verbindlich für die vorstehenden Angaben bleiben die Dinormen. Normenblätter sind durch den Beuth-Verlag G.m.b.H., Berlin SW 19, Dresdener Str. 97, zu beziehen.

Achter Abschnitt: Elektrotechnik[1].

1. Belastungstafel für isolierte Leitungen und Schnüre aus Kupfer[2].

Querschnitt in mm²	Dauerbetrieb		Aussetzender Betrieb[3]
	Höchstzulässige Stromstärke in A	Nennstromstärke für entsprechende Schmelzsicherung in A	Höchstzulässige Stromstärke in A
0,75	9	6	9
1	11	6	11
1,5	14	10	14
2,5	20	15	20
4	25	20	25
6	31	25	31
10	43	35	60
16	75	60	105
25	100	80	140
35	125	100	175
50	160	125	225
70	200	160	280
95	240	200	335
120	280	225	400
150	325	260	460
185	380	300	530
240	450	350	630
300	525	430	730
400	640	500	900
500	760	600	—
625	880	700	—
800	1050	850	—
1000	1250	1000	—

[1] Die Tafeln 7, 12, 14 und 15 bzw. die ihnen zugrunde liegenden Zahlen sind dem AEG-Hilfsbuch, 3. Ausg., entnommen.

[2] Für blanke Kupferleitungen bis 50 mm² gelten bei Dauerbetrieb die gleichen Zahlen. Blanke Kupferleitungen über 50 mm², sowie Fahr- und Freileitungen sind so zu bemessen, daß sie durch den stärksten normal vorkommenden Betriebsstrom keine für den Betrieb oder die Umgebung gefährliche Temperatur annehmen können.

[3] Relative Einschaltdauer höchstens 40%; Spieldauer höchstens 10 min.

2. Belastungstafel für im Erdboden[4] verlegte Kabel mit Leitern aus Kupfer[5].

Art des Kabels	Für Spannungen bis V	Zulässige Belastung in A bei einem Querschnitt in mm² von																				
		1,5	2,5	4	6	10	16	25	35	50	70	95	120	150	185	240	300	400	500	625	800	1000
Einleiterkabel	1000	35	50	65	85	110	155	200	250	310	380	460	535	610	685	800	910	1080	1230	1420	1640	1880
	1000 (verk.)	25	35	45	60	80	110	135	165	200	245	295	340	390	445	515	590	700	—	—	—	—
Verseilte Dreileiterkabel mit gemeinsamem Bleimantel	3000 (verk.)	—	—	—	60	80	105	135	165	200	245	290	335	380	435	505	570	660	—	—	—	—
	10000 (verk.)	—	—	—	—	65	85	110	135	165	200	240	280	320	360	420	475	—	—	—	—	—
Dreileiterkabel aus Einleiterkabeln verseilt[6]	10000 (verk.)	—	—	—	—	70	95	125	150	190	230	270	310	350	395	460	520	600	670	—	—	—

[4] Der Tafel ist bei Spannungen bis 6000 V eine Leiterübertemperatur von 35°, bei höheren Spannungen eine solche von 25° sowie die übliche Verlegungstiefe von etwa 70 cm in Erde zugrunde gelegt. Bei Verlegung in Kanälen oder Rohren sind die angegebenen Werte um 10% zu vermindern. Bei Anhäufung mehrerer Kabel in Kanälen oder Rohrblöcken sowie bei Verlegung mehrerer Kabel in einem Graben in mehreren Lagen übereinander muß die zulässige Belastbarkeit von Fall zu Fall festgesetzt werden. Das gleiche gilt bei aussetzendem Betrieb. — Bei Verlegung von Kabeln in Luft ist zu empfehlen, die Belastung auf etwa 75% der angegebenen Werte herabzusetzen.

[5] Für Kabel mit Aluminiumleitern beträgt die Belastbarkeit 80% der angegebenen Werte.

[6] Für Kabel mit metallumhüllten Adern und gemeinsamem Bleimantel sind die Mittelwerte der beiden letzten Zeilen einzusetzen.

3. Mindestquerschnitte für Kupferleitungen.

Leitungen an und in Beleuchtungskörperü . . . . 0,75 mm²

Pendelschnüre, runde Zimmerschnüre sowie leichte und mittlere
Gummischlauchleitungen . . . . 0,75 „

Andere ortsveränderliche Leitungen 1   „

Festverlegte isolierte Leitungen und festverlegte umhüllte Leitungen
sowie Bleikabel . . . . 1,5 „

Festverlegte isolierte Leitungen in Gebäuden und im Freien, bei denen
der Abstand der Befestigungspunkte mehr als 1 m beträgt . . 4   „

Blanke Leitungen bei Verlegung in Rohr . . . . 1,5 „

Blanke Leitungen in Gebäuden und im Freien 4   „

Freileitungen mit Spannweiten bis zu 35 m 6   „

Freileitungen in allen anderen Fällen 10   „

4. Tafel zur Berechnung von Gleichstromleitungen.

Den Werten in der Tafel ist die gesamte Leitungslänge, d. h. Hin- und Rückleitung zugrunde gelegt. Als Leitstoff ist weichgeglühter Kupferdraht vom spezifischen Widerstand $1/57 = 0,01754 \dfrac{\Omega \cdot \text{mm}^2}{\text{m}}$ bei 20° C angenommen. Bei Aluminiumleitungen sind die Werte der Tafel mit 0,61 zu multiplizieren.

Quer-schnitt in mm²	Spannungsverlust in V								
	1 V	2 V	3 V	4 V	5 V	6 V	7 V	8 V	9 V
	Meterampere								
1	57	114	171	228	285	342	399	456	513
1,5	86	171	257	342	428	513	599	684	770
2,5	143	285	428	570	713	855	998	1 140	1 280
4	228	456	684	912	1 140	1 370	1 600	1 820	2 050
6	342	684	1 030	1 370	1 710	2 050	2 390	2 740	3 080
10	570	1 140	1 710	2 280	2 850	3 420	3 990	4 560	5 130
16	913	1 820	2 740	3 650	4 560	5 470	6 390	7 300	8 210
25	1 430	2 850	4 280	5 700	7 130	8 550	9 980	11 400	12 800
35	2 000	3 990	6 000	8 000	9 980	12 000	14 000	16 000	18 000
50	2 860	5 700	8 560	11 400	14 300	17 100	19 900	22 800	25 600
70	3 990	7 980	12 000	16 000	20 000	23 900	27 900	31 900	35 900
95	5 420	10 800	16 200	21 600	27 100	32 500	37 900	43 300	48 700
120	6 840	13 700	20 500	27 400	34 200	41 000	47 900	54 800	61 600
150	8 550	17 100	25 700	34 200	42 800	51 300	59 900	68 400	77 000
185	10 500	21 100	31 600	42 200	52 700	63 300	73 800	84 400	94 900
240	13 700	27 400	41 000	54 800	68 400	82 100	95 800	110 000	123 000
300	17 100	34 200	51 300	68 400	85 500	103 000	120 000	137 000	154 000
400	22 800	45 600	68 400	91 200	114 000	137 000	160 000	182 000	205 000
500	28 600	57 000	85 600	114 000	143 000	171 000	199 000	228 000	256 000
625	35 600	71 400	107 000	143 000	178 000	214 000	249 000	285 000	320 000
800	45 600	91 200	137 000	182 000	228 000	274 000	320 000	364 000	410 000
1000	57 000	114 000	171 000	228 000	285 000	342 000	399 000	456 000	513 000

5. Bezeichnungen für isolierte und umhüllte Leitungen in Starkstromanlagen.

1. Leitungen für feste Verlegung:
   a) Gummiaderleitungen . . . . (NGA)
   b) Sondergummiaderleitungen . . . . (NSGA)
   c) Rohrdrähte . . . . (NRA)
   d) Bleimantelleitungen . . . . (NBU, NBEU)
   e) Panzeradern . . . . (NPA)
2. Leitungen für Beleuchtungskörper:
   a) Fassungsadern . . . . (NFA)
   b) Pendelschnüre . . . . (NPL)
3. Leitungen zum Anschluß ortsveränderlicher Stromverbraucher:
   a) Gummiaderschnüre . . . . (NSA)
   b) Werkstattschnüre . . . . (NWK)
   c) Gummischlauchleitungen:
      Besonders leichte Ausführung . . . . (NLG)
      Leichte Ausführung . . . . (NLH, NLHG)
      Mittlere Ausführung . . . . (NMH)
      Starke Ausführung . . . . (NSH)
   d) Sonderschnüre für rauhe Betriebe . . . . (NSGK)
   e) Hochspannungsschnüre . . . . (NHSGK)
   f) Theaterleitungen . . . . (NTK, NTSK)
   g) Leitungstrossen . . . . (NT)

6. Normalspannungen.

Für Gleichstrom:

110 220 440 550 750 1100 1500 3000 V
Die Spannungen über 500 V beziehen sich auf Bahnanlagen mit einpoliger Erdung.

Für Drehstrom von 50 Hz:

125 **220 380** 500 1000 3000 **6000**
10000 **15000** 20000 **30000** 45000
60000 80000 **100000** 150000
200000 300000 **400000** V

Für Neuanlagen werden vorzugsweise die fettgedruckten Spannungswerte verwendet.

7. Zahlenwerte zur Berücksichtigung des induktiven Widerstandes in Wechsel- und Drehstrom-Freileitungen.

Der für Gleichstrom-Kupferleitungen berechnete Spannungsabfall ist mit der zugehörigen Zahl der folgenden Tafel zu multiplizieren. Das Produkt ergibt bei Einphasen-Wechselstrom den Spannungsabfall auf Hin- und Rückleitung, bei Drehstrom denjenigen auf einem einzelnen Leitungsstrang. Die Zahlen gelten für die Frequenz von 50 Hz und einen Leiterabstand von 50 cm; bei Drehstrom ist ein gleichseitiges Dreieck als Mastbild zugrunde gelegt.

Querschnitt in mm²	cos φ (induktive Belastung)			
	0,9	0,8	0,7	0,6
10	1,10	1,16	1,21	1,28
16	1,15	1,24	1,32	1,43
25	1,23	1,36	1,49	1,63
35	1,31	1,48	1,66	1,86
50	1,43	1,67	1,91	2,19
70	1,59	1,90	2,23	2,62
95	1,77	2,19	2,61	3,12

Bei Hochspannungsfreileitungen für Drehstrom beträgt der induktive Widerstand bei 50 Hz je Strang im Mittel etwa 0,4 Ω/km.

8. Tafel zur näherungsweisen Berechnung des Ladestromes und der Ladeleistung von Drehstrom-Hochspannungsleitungen.

Mittlere Werte der Betriebskapazität von Drehstrom-Hochspannungsleitungen:

Freileitung: $C = 0,01 \ \mu\mathrm{F/km}$

Kabel: $C = 0,2 \ \mu\mathrm{F/km}$ (verseiltes Drehstromkabel mit Gürtel-isolation).

Für die Frequenz von 50 Hz beträgt damit

Betriebsspannung in kV		6	15	30	60	100	200
Frei-leitung	{ Ladestrom in A/km . . .	—	0,027	0,055	0,11	0,18	0,36
	{ Ladeleistung in BkVA/km	—	0,71	2,82	11,3	31,4	126
Kabel	{ Ladestrom in A/km . . .	0,22	0,54	1,09	2,18	—	—
	{ Ladeleistung in BkVA/km	2,26	14,2	56,5	226	—	—

9. Widerstand und Belastung von Widerstands-Runddraht

bei verschiedenen Temperaturen des frei ausgespannten Drahtes in ruhiger Luft von etwa 20° C.

(HAWE-Material der Firma R. u. G. Schmöle, Metallwerke A.-G. Menden, Kreis Iserlohn.)

Durch-messer	Quer-schnitt	Chromnickel (eisenhaltig, HAWE 110)						Konstantan (HAWE 50)			
		200° C		500° C		1000° C		200° C		500° C	
mm	mm²	Ω/m	A	Ω/m	A	Ω/m	A	Ω/m	A	Ω/m	A
0,05	0,00196	574	0,11	591	0,22	603	—	254	0,13	257	—
0,1	0,0079	144	0,21	148	0,52	151	1,02	63,4	0,30	64,2	0,55
0,2	0,0314	35,9	0,45	36,9	1,17	37,7	2,35	15,8	0,68	16,0	1,32
0,3	0,0707	15,9	0,70	16,4	1,90	16,8	4,00	7,04	1,14	7,12	2,30
0,4	0,126	8,97	1,00	9,22	2,70	9,42	5,85	3,96	1,65	4,01	3,40
0,5	0,196	5,74	1,30	5,91	3,50	6,03	7,85	2,54	2,25	2,57	4,55
0,6	0,283	3,98	1,60	4,09	4,40	4,18	9,90	1,76	2,90	1,78	5,75
0,7	0,385	2,93	1,90	3,01	5,40	3,08	12,1	1,29	3,60	1,31	7,05
0,8	0,503	2,24	2,25	2,3	6,40	2,35	14,4	0,991	4,30	1,00	8,40
0,9	0,638	1,77	2,60	1,82	7,40	1,86	17,1	0,783	5,00	0,792	9,80
1,0	0,785	1,44	3,00	1,48	8,50	1,51	19,8	0,634	5,70	0,642	11,3
1,2	1,13	0,998	3,80	1,03	10,9	1,05	25,5	0,440	7,25	0,445	14,6
1,5	1,77	0,637	5,00	0,655	14,8	0,669	34,5	0,282	9,80	0,285	19,7
1,8	2,54	0,443	6,50	0,455	19,0	0,465	45,0	0,195	12,5	0,198	25,5
2,0	3,14	0,359	7,50	0,369	22,0	0,377	52,5	0,158	14,5	0,160	29,5
2,2	3,80	0,297	8,50	0,305	25,0	0,312	61,0	0,131	16,5	0,133	33,5
2,5	4,91	0,230	10,2	0,236	30,0	0,241	74,0	0,102	20,0	0,103	40,0
2,8	6,16	0,183	12,2	0,188	36,0	0,193	88,0	0,0809	23,5	0,0818	47,0
3,0	7,07	0,159	13,7	0,164	40,5	0.168	98,0	0,0704	26,5	0,0712	52,0
3,5	9,62	0,117	17,8	0,120	51,5	0,123	123	0,0518	33,5	0,0524	65,0
4,0	12,57	0,0897	22,2	0,0922	63,0	0,0942	147	0,0396	41,0	0,0401	78,5

10. Magnetisierungskurven.

Magnetische Induktion in Abhängigkeit von den Amperewindungen für 1 cm Induktionslinienweg.

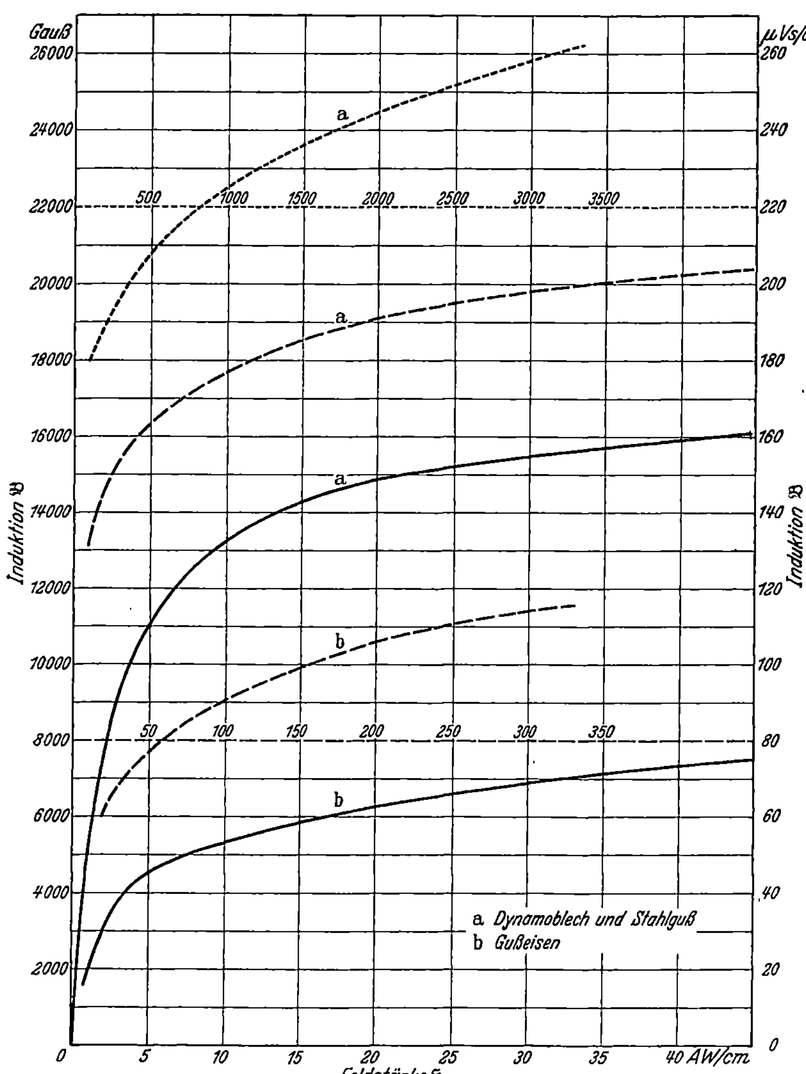

Für Luft ist: $\dfrac{\text{Amperewindungen}}{\text{Induktionslinienweg in cm}} = 0{,}8 \cdot \mathfrak{B}.$

11. Verlustziffer und Magnetisierbarkeit von Dynamoblechen.

Art der Bleche	I normal				II schwach legiert	III mittelstark legiert	IV hoch legiert	
Dicke in mm	0,5	0,75	1,0	1,5	0,5	0,5	0,35	0,5
Spez. Gew. (mit Zunder)	7,8				7,75	7,65	7,55	
Eisenverluste in W/kg bei 50 Hz, 20° C und sinusförmig. Spannung — bei 10000 Gauß	3,6	—	8	—	3,0	2,3	1,3	1,7
bei 15000 Gauß	8,6	—	19	—	7,4	5,6	3,25	4,0
Magnetische Induktion in Gauß (Kleinstwerte) — bei 25 AW/cm	15300		—		15000	14700	14300	
bei 50 „	16300		—		16000	15700	15500	
bei 100 „	17300		—		17100	16900	16500	
bei 300 „	19800		—		19500	19300	18500	

12. Annähernder Stromverbrauch von Elektromotoren bei Vollast.

Motorleistung		220 V Gleichstrom		380 V Drehstrom	
in kW	(in PS)	A	A/kW	A	A/kW
1	(1,36)	6,0	6,02	2,3	2,28
2	(2,72)	11,8	5,88	4,5	2,24
3— 5	(4,1— 6,8)	17,2— 28,9	5,73	6,6— 11,0	2,20
6—10	(8,2— 13,6)	33,7— 56,2	5,62	13,0— 21,6	2,16
11—20	(14,9— 27,2)	61 —111	5,53	23 — 41	2,09
21—50	(28,5— 67,9)	111 —265	5,30	41 — 98	1,98
51—80	(69,3—108,6)	265 —409	5,12	98 —152	1,90
Im Mittel:		—	5,60	—	2,12

Bei anderen Betriebsspannungen sind die Werte der Tafel im umgekehrten Verhältnis der Spannungen umzurechnen. Allgemein beträgt die Stromaufnahme bei der Spannung U in V im Mittel für

Gleichstrommotoren: $\dfrac{1230}{U}$ A/kW ,   Drehstrommotoren: $\dfrac{806}{U}$ A/kW.

13. Tafel der photometrischen Grundgrößen und Einheiten.

Größe	Beziehung	Einheit	Zeichen
Lichtstrom	Φ	Lumen	lm
Lichtmenge	$Q = \Phi \cdot t$	Lumenstunde	lmh
Lichtstärke	$I = \dfrac{\Phi}{\omega}$	Hefnerkerze	HK
Beleuchtungsstärke	$E = \dfrac{\Phi}{F}$	Lux	lx
Leuchtdichte	$B = \dfrac{I_\varepsilon}{f \cdot \cos \varepsilon}$	Stilb	sb
Spezifische Lichtausstrahlung	$R = \dfrac{\Phi}{f}$	Lumen je cm²	lm/cm^2

Hierin bedeuten:

F eine Fläche in m²,
f „ „ „ cm²,
t die Zeit in Stunden,

ε den Ausstrahlungswinkel (Winkel zwischen Ausstrahlungsrichtung und Flächennormale),
ω den Raumwinkel.

14. Beleuchtungstafel.

Art der Anlage Die Beleuchtungswerte werden bei der Allgemeinbeleuchtung auf eine waagerechte Ebene in 1 m Höhe über dem Fußboden, bei der Arbeitsplatzbeleuchtung auf die Arbeitsfläche bezogen.	Allgemeinbeleuchtung				Arbeitsplatzbeleuchtung
	Mittlere Beleuchtungsstärke		Beleuchtungsstärke an der ungünstigsten Stelle		Beleuchtungsstärke der Arbeitsstelle
	Mindestwert lx¹)	Empfohlener Wert lx¹)	Mindestwert lx¹)	Empfohlener Wert lx	lx
Arbeitsstätten einschließlich Schulen					
Industrie- und Handwerksbetriebe — Grobe Arbeiten	20 (20)	40	10 (10)	—	50— 100
Mittelfeine Arbeiten . .	40 (30)	80	20 (15)	—	100— 300
Feine Arbeiten	75 (40)	150	50 (20)	—	300—1000
Sehr feine Arbeiten . .	150 (50)	300	100 (30)	—	1000—5000

Grobe Arbeit. Gießerei: Eisengießen, Gußputzen. Metall: Grobwalzen und -ziehen Schmieden und Schruppen. Ziegelei. Gerberei.

Mittlere Arbeit. Gießerei: Einfaches Formen, Spritzguß. Metall: Revolverdrehbank, Pressen, Stanzen. Holz: Sägen, Hobeln, Fräsen. Lebensmittelbetriebe.

Feine Arbeit. Metall: Feinwalzen und -ziehen, Drehbänke, Pressen, Montage. Holz: Polieren. Gewebe: Spinnen, Weben, Färben, Zuschneiden, Nähen. Druckerei: Maschinensatz Drucken. Büroarbeit: Maschinenschreiben, Lese- und Schreibarbeit.

Sehr feine Arbeit. Metall: Gravieren, Feinmechanik, Uhren. Glasbearbeitung. Gewebe: Bearbeiten von dunklen Stoffen. Druckerei: Handsatz, Lithographie. Büroarbeit: Zeichnen.

Aufenthalts- und Wohnräume.					
Art der Ansprüche — Niedrige	20	40	10	—	Wie bei
Mittlere	40	80	20	—	Arbeits-
Hohe	75	150	50	—	stätten
Verkehrsanlagen.					
Straßen, Plätze — Schwacher Verkehr . .	1	3	0,2	0,5	—
Mittlerer Verkehr . . .	3	8	0,5	2	—
Starker Verkehr	8	15	2	4	—
Starkster Verkehr in Großstädten	15	30	4	8	—
Durchgang, Treppen — Schwacher Verkehr . .	5	15	2	5	—
Starker Verkehr . . .	10	30	5	10	—
Bahnanlagen — Gleisfelder, schwacher Verkehr . .	0,5	1,5	0,2	0,5	—
desgl., starker Verkehr .	2	5	0,5	2	—
Bahnsteige, Verladestellen, Durchgänge, Treppen mit schwachem Verkehr	5	15	2	5	—
desgl. mit starkem Verkehr	10	30	5	10	—
Wasserverkehrs-Anlagen — Kaianlagen, Ladestellen, Schleusen mit schwachem Verkehr	1	3	0,3	1	—
desgl. mit starkem Verkehr	5	15	2	5	—
Fabrikhöfe — Schwacher Verkehr .	1	3	0,3	1	—
Starker Verkehr . .	5	15	2	5	—

¹) Die in Klammern stehenden Zahlen gelten nur dann, wenn außer der Allgemeinbeleuchtung noch eine Arbeitsplatzbeleuchtung vorhanden ist.

15. Ungefähre Lichtströme in *lm* der Osram-Lampen.

Spannung in V	Für Lampen der Einheitsreihe Leistung in W						Für Soffittenlampen Leistung in W			
	15	25	40	60	75	100	25	40	60	100
110	150	255	485	840	1150	1550	225	390	610	940
220	130	225	375	690	910	1350	210	375	600	960

Spannung in V	Für Nitralampen. Leistung in W									
	150	200	300	500	750	1000	1500	2000	3000	5000
110	2650	3600	5900	10500	16500	22000	35500	44000	70000	115000
220	2350	3150	5300	9000	15000	21000	33500	41500	67000	110000

16. Tafel der Leitstoffe.

Leitstoff	Elektro-chemisches Äquivalent in g/Ah	Spezifischer Widerstand in Ω mm²/m bei 20° C	Spezifische Leitfähigkeit in $S \cdot m/mm^2$	Temperatur-koeffizient in ° C^{-1}
Aluminium	0,338	0,0288	34,8	0,0039
Blei	3,86	0,22	4,55	0,0041
Eisen (WM 13)	1,04	0,10—0,15	10—6,7	0,0045…47
Kohle (Retorten)	—	ca. 100	ca. 0,01	} −0,0002…7
Kohlefäden	—	30	0,033	
Konstantan.	—	0,49	2,04	−0,000005
Kupfer	1,18	0,01754	57	0,0040
Manganin	—	0,42	2,38	±0,00001
Messing	—	0,074	13,5	0,0015
Neusilber (WM 30)	—	0,3	3,3	0,0002…7
Nickel	1,095	0,10	10,0	0,0040
Nickelin (WM 30)	—	0,3	3,3	0,00023
Nickel-Chrom-Eisen(WM100)	—	1,0	1,0	0,00025
Platin	1,82	0,11—0,14	9,1—7,15	0,002…3
Quecksilber.	7,48	0,95	1,05	0,0009
Silber	4,025	0,016	62,6 ·	0,0036
Wolfram	—	0,055	18,2	0,0041
Zink	1,22	0,063	15,9	0,0038
Schwefelsäure, wässerige Lösung von 18° C, Verdünnung in Gew.-% 5%	—	51800	0,0000193	} −0,02
10%	—	27400	0,0000365	
20%	—	16700	0,0000598	

17. Tafel der Isolierstoffe.

Isolierstoff	Einheitsgewicht in kg/dm³	Dielektrizitäts-konstante ε	Durchschlagsfestigkeit in kV/mm bei 20° C und sinus-förmiger Wechselspannung[1]
Bakelit.	1,4—2,1	2,2— 3,2	10
Glas	2,4—2,8	3 — 9	10—40
Glimmer	2,5	5 —10	bis 42
Guttapercha	~1,0	2,5— 4,2	10
Gummi, vulkanisiert. . . .	1,3—1,8	2,9	10
Hartgummi	1,2—1,4	3—4	8—10
Starkstr.-Kabel-Isol	~1,4	4,3	20—40
Luft von 760 mm Hg . . .	0,001293	1	2,14
Marmor	2,5—2,9	~4	~1
Mikanit (Form-)	2,0—2,3	4,5—5,5	30
Mikanitpapier	2	3,5—4,5	25—35
Paraffin	0,96	2,0—2,3	8—20
Pertinax	1,1—1,4	4 —5	10—20
Porzellan	2,3—2,5	5 —5,5	9—25
Preßspan	1,2	2 —4	10
Stabilit	~1,6	4 —5	6— 8
Steatit	2,8	5,3	20—30
Transformatorenöl	0,9—0,92	2,0—2,3	20—40

[1] Diese Werte sind von der Dicke der Isolierschicht abhängig und auf 1 mm Schichtdicke umgerechnet.

18. Formel- und Einheitszeichen (Auszug).
(Nach DIN 1301 und 1304.)

1. Formelzeichen.

Q Elektrizitätsmenge
$\mathfrak{E}$ Elektrische Feldstärke
U Elektrische Spannung
E Elektromotorische Kraft
I Elektrische Stromstärke
R Elektrischer Widerstand
ϱ Spezifischer elektr. Widerstand
G Elektrischer Leitwert ($1/R$)
$\varkappa$ Elektrische Leitfähigkeit ($1/\varrho$)
$\mathfrak{D}$ Elektrische Verschiebung
ε Elektrisierungszahl

C Elektrische Kapazität
$\mathfrak{H}$ Magnetische Feldstärke
V Magnetische Spannung
Λ Magnetischer Leitwert
w Windungszahl
$\mathfrak{B}$ Magnetische Induktion
μ Permeabilität $\mathfrak{B}/(\Pi\mathfrak{H})$, $[\mathfrak{B}/\mathfrak{H}]$
Φ Magnetischer Induktionsfluß
L Induktivität (Koeffizient der Selbstinduktion)
M Gegeninduktivität (Koeffizient der gegenseitigen Induktion)

2. Einheitszeichen.

A   Ampere
V   Volt
Ω Ohm
S   Siemens
C   Coulomb
J   Joule
W   Watt
F   Farad
H   Henry
Hz   Hertz

mA   Milliampere
kW   Kilowatt
MW   Megawatt
μF   Mikrofarad $= 10^{-6}$ F
nF   Nannofarad $= 10^{-9}$ F
pF   Picofarad $= 10^{-12}$ F
MΩ Megohm
kVA   Kilovoltampere
BkVA Blindkilovoltampere
Ah   Amperestunde
kWh   Kilowattstunde

19. Meßgeräte.
Zeichen für die Aufschriften.

Bezeichnung	Zeichen bzw. Symbol	Bedeutung
Ursprungszeichen	Fabrikmarke	
Fabrikationsnummer		Steht unter dem Ursprungszeichen
Einheit der Meßgröße	A; mA	Ampere; Milliampere
	V; mV; kV	Volt; Millivolt; Kilovolt
	W; kW	Watt; Kilowatt
	Ω; kΩ; MΩ	Ohm; Kiloohm; Megohm
Klassenzeichen	E	Feinmeßgerät 1. Klasse
	F	„ 2. „
	G	Betriebsmeßgerät 1. Klasse
	H	„ 2. „

19. Meßgeräte. Zeichen für die Aufschriften. (Fortsetzung.)

Bezeichnung		Zeichen bzw. Symbol	Bedeutung
Stromartzeichen		⎓	Gleichstrom
		∿	Wechselstrom
		≂	Gleich- und Wechselstrom
		≈	Zweiphasenstrom
		≋	Drehstrom, gleiche Belastung
		≋	Drehstrom, ungleiche Belastung
		≋	Vierleitersysteme
Zeichen für die Art der Meßwerke	M 1		Drehspule (links mit, rechts ohne Richtkraft)
	M 2		Dreheisen (Weicheisen)
	M 3		Elektrodynamisch, eisenlos — eisengeschirmt — eisengeschlossen — Linke Zeichen mit Richtkraft, rechte Zeichen ohne Richtkraft
	M 4		Induktion
	M 5		Hitzdraht
	M 6		Elektrostatisch
	M 7		Vibration
Lagezeichen		∣	Senkrechte Gebrauchslage
		∠60°	Schräge „
		—	Wagerechte „
Prüfspannungszeichen für Prüfspannung	500 V	schwarzer Stern	Nicht über 40 V — Höchstspannung gegen Gehäuse
	1000 V	brauner Stern	41 bis 100 V
	2000 V	roter Stern	101 bis 650 V
	3000 V	blauer Stern	651 bis 900 V
	5000 V	grüner Stern	901 bis 1500 V

20. Klemmenbezeichnungen.

A und B Ankerwicklung (bei Gleichstrom-Maschinen und -Motoren).
C und D Nebenschlußwicklung (Erregerwicklung).
E und F Reihenschluß-(Kompound)-Wicklung.
I und K Erregerwicklung bei fremderregten Maschinen und Motoren,
P und N Sammelschienen eines Gleichstromnetzes.
R, S und T Sammelschienen eines Drehstromnetzes.
R und T Sammelschienen eines Einphasennetzes.
U, V, W und X, Y, Z Ständerwicklung eines Drehstromgenerators
      oder Drehstrommotors.
u, v, w dreiphasige Läuferwicklung eines Drehstrommotors.,
L, M, R Klemmen eines Gleichstrom-Anlassers.
u, v, w Klemmen eines Drehstrom-Anlassers.
s, t, q Klemmen eines ausschaltbaren Nebenschluß-Reglers.

Gleichstrommaschinen.

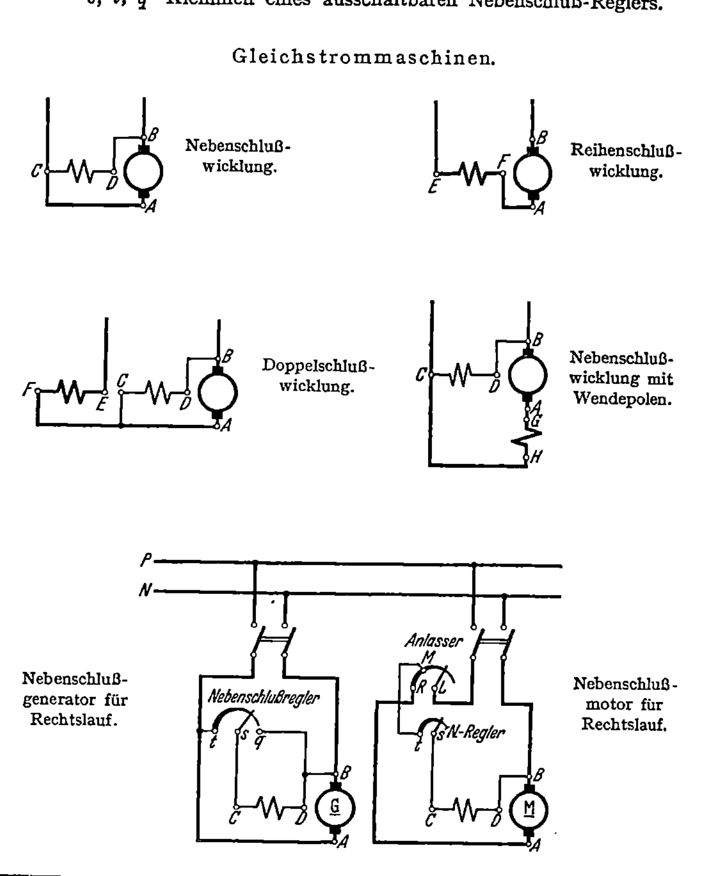

Wechselstrommaschinen.

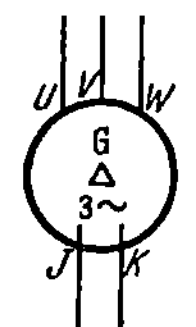

Synchron-
maschine
3-phasig
in Dreieck
geschaltet.

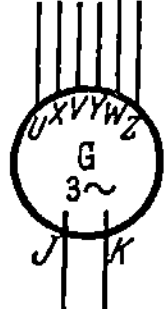

Synchron-
maschine
3-phasig mit
aufgelöstem
Nullpunkt.

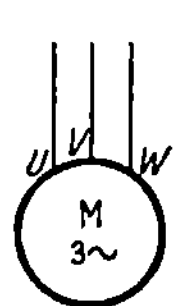

Asynchronmotor
3-phasig
mit Kurzschlußläufer.

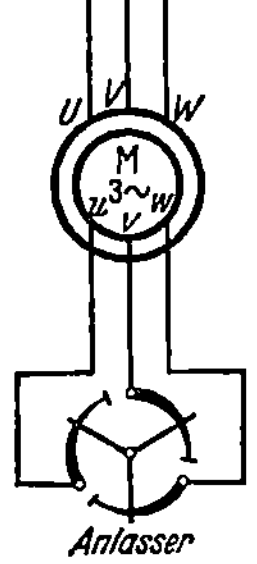

Asynchronmotor
3-phasig mit
Schleifringläufer.

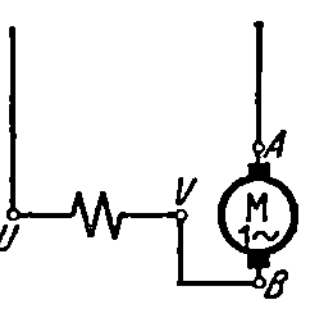

Stromwender-
Reihenschlußmotor
1-phasig.

Transformatoren.

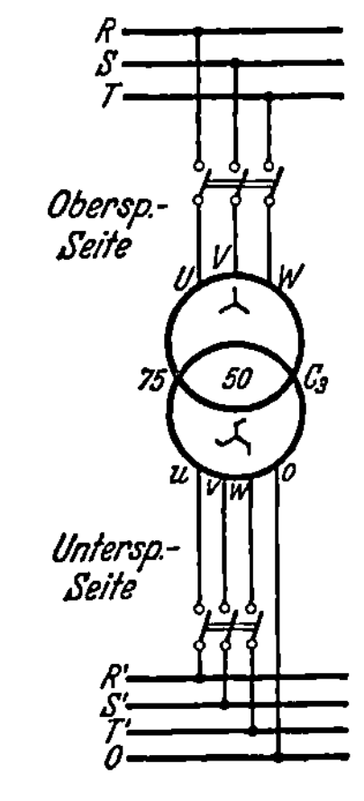

Leistungs-
transformator
75 kVA
50 Hz
Stern/Zickzack
Schaltgruppe C_2.

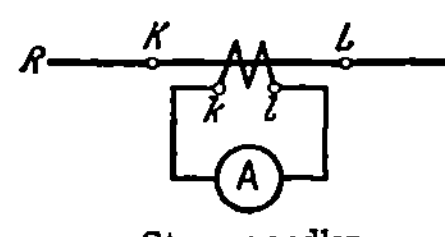

Stromwandler.

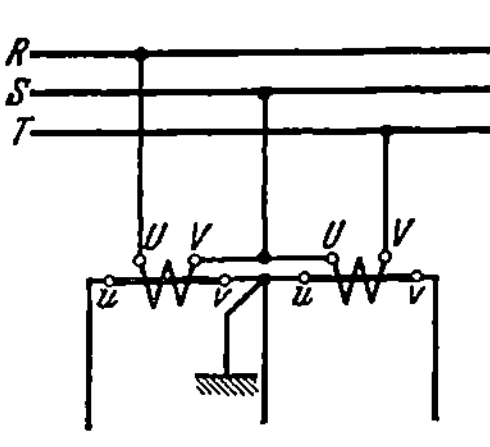

Spannungswandler für Drehstrom
in V-Schaltung.

Neunter Abschnitt: Werkzeugmaschinen für Metallbearbeitung.

Richtwerte für Schnittgeschwindigkeiten.

Maschinenart	Arbeitsverfahren	Gußeisen Gewöhnlich		Gußeisen Hart		Stahlguß		Temperguß		Stahl 30–40 kg/mm² Festigkeit		Stahl 50–70 kg/mm² Festigkeit		Stahl 80–90 kg/mm² Festigkeit		Messing und Rotguß Gewöhnlich		Messing und Rotguß Hart	
		Werkzeugstahl	Schnellstahl	Werkzeugstahl	Schnellstahl	Werkzeugstahl	Schnellstahl	Werkzeugstahl	Schnellstahl	Werkzeugstahl	Schnellstahl	Werkzeugstahl	Schnellstahl	Werkzeugstahl	Schnellstahl	Werkzeugstahl	Schnellstahl	Werkzeugstahl	Schnellstahl
Drehbänke	Schruppen	6–12	14–20	4–6	8–10	6–12	12–18	8–14	15–22	12–16	20–30	10–14	16–24	6–10	12–18	25–35	30–40	15–22	20–30
	Schlichten	12–18	18–24	8–10	14–18	10–18	16–24	14–20	20–28	14–20	28–32	12–18	22–28	8–12	16–20	30–40	40–50	25–28	30–40
	Reiben	3–6	4–10	2–3	2–4	2–4	4–8	3–6	4–10	3–6	8–10	3–5	4–8	2–3	2–4	10–15	14–20	8–10	10–12
	Gewindeschneiden[1]	5–8	10–15	3–6	6–10	5–8	10–15	5–8	10–15	10–12	14–18	6–10	12–16	4–7	10–12	18–22	20–30	10–15	18–22
Revolverbänke u. Automaten	Schruppen	6–12	14–20	4–6	8–10	6–12	12–18	8–14	15–22	14–18	25–30	12–18	18–25	8–10	12–18	25–35	30–40	15–22	20–30
	Schlichten	12–18	18–24	8–10	14–18	10–18	16–24	14–20	20–28	15–20	28–32	15–18	22–28	8–12	16–20	30–40	40–50	25–28	30–40
	Reiben	3–5	4–10	—	2–4	2–4	4–8	3–6	4–10	3–6	8–10	3–5	4–8	1–2	2–4	10–15	14–18	8–10	10–12
	Gewindeschneiden[2]	2–5	4–8	2–3	2–4	2–4	4–8	2–4	4–8	3–6	6–10	2–5	5–8	—	2–3	8–15	10–18	6–8	8–12
Bohrmaschinen und Bohrwerke	Spiralbohrer	8–12	16–24	4–8	8–12	6–12	16–22	8–14	18–24	12–18	22–30	10–18	18–25	8–12	15–20	25–35	30–40	15–22	20–30
	Bohrstange	6–12	14–20	4–6	8–12	6–12	12–18	8–14	14–20	12–16	16–22	8–12	12–18	6–8	10–12	20–25	25–30	15–20	18–25
	Reiben	3–6	4–10	—	2–4	2–4	4–8	3–6	4–10	3–6	8–10	3–5	4–8	2–3	2–4	10–15	14–20	8–10	10–12
	Flächendrehen	6–12	12–18	4–6	8–10	6–12	12–18	8–14	14–20	12–16	20–25	10–14	15–20	6–10	12–18	20–30	25–35	12–18	15–25
	Gewindeschneiden	2–5	4–8	2–3	2–4	2–4	4–8	2–4	4–8	3–6	6–10	2–5	5–8	—	2–4	8–15	10–18	6–8	8–12

(Schnittgeschwindigkeit in m/min bei)

[1] Mit Stahl.   [2] Mit Schneideisen oder Gewindebohrer.

(Fortsetzung auf Seite 98.)

Richtwerte für Schnittgeschwindigkeiten (Fortsetzung).

Maschinenart	Arbeitsverfahren	Schnittgeschwindigkeit in m/min bei																
		Gußeisen				Stahlguß		Temperguß		Stahl						Messing und Rotguß			
		Gewöhnlich		Hart						30—40 kg/mm² Festigkeit		50—70 kg/mm² Festigkeit		80—90 kg/mm² Festigkeit		Gewöhnlich		Hart	
		Werkzeugstahl	Schnellstahl	Werkzeugstahl	Schnellstahl	Werkzeugstahl	Schnellstahl	Werkzeugstahl	Schnellstahl	Werkzeugstahl	Schnellstahl	Werkzeugstahl	Schnellstahl	Werkzeugstahl	Schnellstahl	Werkzeugstahl	Schnellstahl	Werkzeugstahl	Schnellstahl
Fräsmaschinen	Lang- und Planfräsen	10—16	18—30	8—10	10—16	8—14	16—25	10—16	18—30	18—22	24—30	12—18	15—25	6—10	12—18	30—40	45—60	20—30	35—50
	Rundschruppen	8—14	15—25	6—8	8—12	6—12	14—22	8—14	16—25	16—20	20—26	10—16	14—22	6—10	10—15	25—35	30—50	15—25	25—35
	Zahnschruppen	8—12	14—20	4—6	8—10	5—10	12—20	8—12	14—22	10—16	16—24	8—14	12—20	4—8	8—12	18—25	30—40	15—18	25—30
	Schlichten	12—20	24—38	8—12	14—18	10—18	18—28	12—18	20—35	20—25	35—45	14—18	24—32	8—12	16—22	40—50	50—70	25—35	40—60
	Gewindefräsen	—	—	—	—	—	—	—	—	10—15	16—20	6—10	12—18	2—4	6—12	—	—	—	—
Hobel- und Stoßmaschinen		8—10	10—15	7—9	10—12	8—10	10—15	8—10	10—15	8—12	12—16	8—10	10—14	7—9	10—12	12—18	15—20	10—15	12—18

	Stahl					Gußeisen				
	Umfangsgeschwindigkeit		der Schleifscheibe	Anstellung der Schleifscheibe	Vorschub der Schleifscheibe bei einer Umdrehung des Arbeitsstückes	Umfangsgeschwindigkeit		der Schleifscheibe	Anstellung der Schleifscheibe	Vorschub der Schleifscheibe bei einer Umdrehung des Arbeitsstückes
	des Arbeitsstückes bei					des Arbeitsstückes bei				
	Durchmesser bis 50 mm m/min	Durchmesser bis 150 mm m/min	m/s	mm		Durchmesser bis 50 mm m/min	Durchmesser bis 150 mm m/min	m/s	mm	
Rundschleifmaschinen	10—12	15	25—35	0,01—0,05	$^{1}/_{2}$—$^{3}/_{4}$ der Scheibenbreite	12—15	18—20	25	0,01—0,1	$^{3}/_{4}$—$^{5}/_{6}$ der Scheibenbreite

Zehnter Abschnitt: Hochbau.

1. Zulässige Spannungen für den Hochbau in kg/cm².

a) Zulässige Spannungen für Bauteile und Verbindungsmittel in kg/cm² [1].

Verwendungsform im Bauwerk	Beanspruchung	\ Bei vollwandigen Trägern, Fachwerken und Stutzen aus — St 00·12 (Belastungsfall 1 u. 2)	Handelsbaustahl (1 u. 2)	St 37·12 (1)	St 37·12 (2)	St 52 (1)	St 52 (2)	Werkstoff	Maßgebender Querschnitt
a) Bauteile	Zug und Biegung . . σ_{zul}	1200	1400	1400	1600	2100	2400		
	Schub . . . . τ_{zul}	960	1120	1120	1280	1680	1920		
b) Nietverbindungen	Abscheren . . . . . $\tau_{a\,zul}$	1200	1400	1400	1600	—	—	Niete aus St 34·13	
		—	—	—	—	2100	2400	„ „ St 44	Loch-querschnitt
	Lochleibungsdruck . $\sigma_{l\,zul}$	2400	2800	2800	3200	—	—	„ „ St 34·13	
		—	—	—	—	4200	4800	„ „ St 44	
c) Schraubenverbindungen (eingepaßte Schrauben)	Abscheren . . . . . $\tau_{a\,zul}$	960	1120	1120	1280	—	—	Schrauben aus St 38·13	
		—	—	—	—	1680	1920	„ „ St 52	Loch-querschnitt
	Lochleibungsdruck . $\sigma_{l\,zul}$	2400	2800	2800	3200	—	—	„ „ St 38·13	
		—	—	—	—	4200	4800	„ „ St 52	
	Zug . . . . $\sigma_{z\,zul}$	850	1000	1000	1100	—	—	„ „ St 38·13	Kern-querschnitt
		—	—	—	—	1500	1700	„ „ St 52	

Ferner	Beanspruchung	Belastungsfall 1	Belastungsfall 2	Werkstoff	Maßgebender Querschnitt
d) Schraubenverbindungen (rohe Schrauben)	Abscheren . . . . . $\tau_{a\,zul}$	1000	1100	Schrauben aus St 38·13	Schaft-querschnitt
	Lochleibungsdruck . $\sigma_{l\,zul}$	1600	1800	„ „ St 38·13	
	Zug . . . . $\sigma_{z\,zul}$	1000	1100	„ „ St 38·13	Kernquerschnitt
e) Ankerschrauben und Ankerbolzen	Zug . . . . $\sigma_{z\,zul}$	850	850	Anker aus St 00·12	
		1000	1100	Anker aus Handelsbaustahl und aus St 37·12	Kern-querschnitt
		1500	1700	Anker aus St 52	

[1] Auszug aus den Bestimmungen über Belastungen und Beanspruchungen im Hochbau, 15. Ausgabe vom März 1936, Berlin, Wilhelm Ernst & Sohn 1936.

b) Zulässige Spannungen für Lagerteile und Gelenke in kg/cm² [1]).

Werkstoff			Gußeisen Ge 14·91		Stahlguß Stg 52·81 S		Vergütungsstahl St C 35·61	
Belastungsfall			1	2	1	2	1	2
Biegung { Druck	σ_{zul}		450	500	1800	2000	2000	2200
{ Zug	σ_{zul}		900	1000				
Druck	σ_{zul}		1000	1100	1800	2000	2000	2200

Belastungsfall 1 (Hauptkräfte): Gleichzeitige ungünstigste Wirkung von ständiger Last, Verkehrslast (ohne Windlast) und Schneelast. Zur „Verkehrslast" zählen auch Bremskräfte und Schrägzugkräfte, die von einem Kran herrühren, ferner Riemenzug u. dgl.

Belastungsfall 2 (Haupt- und Zusatzkräfte): Gleichzeitige ungünstigste Wirkung der unter Belastungsfall 1 genannten Lasten zusammen mit Windlast, Wärmeschwankungen, Bremskräften oder Schrägzug von mehr als einem Kran.

Für Bauteile, die nur durch eine der unter Belastungsfall 2 angeführten Lastarten beansprucht werden, sind die für Belastungsfall 1 angegebenen Spannungen zugrunde zu legen.

2. Zulässige Spannungen der Schweißnähte für Stahlhochbauten.

Nahtart	Art der Spannung	Zul. Spannung ϱ_{zul}	Bemerkung
Stumpfnähte	Zug	$0{,}75\,\sigma_{zul}$	σ_{zul} ist die nach den bestehenden Vorschriften für den zu verschweißenden Werkstoff zulässige Spannung
	Druck	$0{,}85\,\sigma_{zul}$	
	Biegung	$0{,}8\ \sigma_{zul}$	
	Abscheren	$0{,}65\,\sigma_{zul}$	
Kehlnähte (Stirn- und Flankennähte)	Jede Spannungsart	$0{,}65\,\sigma_{zul}$	

Diese Werte gelten für Baustahl St 00, für St 37 und für St 52.

Kranbahnen sind wie Hochbauten zu behandeln.

Es wird empfohlen, geschweißte Krane unter Berücksichtigung von DIN 120 „Grundsätze für die Berechnung und bauliche Durchbildung der Stahlkonstruktion von Kranen" nach den Vorschriften für geschweißte Hochbauten zu behandeln.

---

[1]) Fußnote auf Seite 99.

3. Beanspruchung von Mauerwerk aus natürlichen Steinen.

Gesteinsart	Zulässige Druckspannung in kg/cm²		
	Auflagersteine	Pfeiler und Gewölbe	Schlanke Pfeiler und Säulen Stärke $\leqq$ 1/10 Höhe
Basalt	65	45	30
Granit	60	40	25
Syenit	55	40	25
Porphyr	40	30	20
Marmor	30	20	15
Basaltlava	20	15	10
Sandstein	20	15	10
Tuffstein	—	10	7
Bruchsteine	—	5 bis 7	—
Sicherheit bei Festigkeitsnachweis .	10 bis 15	15 bis 20	25 bis 30

4. Einheitsgewichte und zulässige Beanspruchungen der Baustoffe.

(Bestimmungen über die bei Hochbauten anzunehmenden Belastungen und über die zulässigen Beanspruchungen der Baustoffe vom März 1936, 15. Ausgabe.)

	Nachzuweisende Mindestdruckfestigkeit der Steine kg/cm²	Einheitsgewicht kg/m³	Zulässige Beanspruchung in kg/cm² auf			
			Zug σ_{zul}	Druck σ_{dzul}	Biegung σ'_{zul}	Schub τ_{zul}
I. Mauerwerk aus künstlichen Steinen						
1. in Kalkmörtel (1 Rt. Kalk+3 Rt. Sand)						
a) Schwemmsteine	20	1000	—	3	—	—
b) Mauerziegel 2. Klasse.	100	1800	—	7	—	—
c) Mauerziegel 1. Klasse und Kalksandsteine	150	1800	—	10	—	—
2. in Kalkzementmörtel (1 Zement + 2 Kalk + 8 Sand)						
a) Mauerziegel 1. Klasse und Kalksandsteine.	150	1800	—	14	—	—
b) Hartbrandziegel und Kalksandhartsteine .	250	1800	—	18	—	—
3. in Zementmörtel (1 Rt. Zem. +3 Rt. Sand)						
a) Klinker.	350	1900	—	35	—	—
II. Mauerwerk aus Beton						

W_{e28} = Würfelfestigkeit erdfeuchten Betons nach 28 Tagen

W_{b28} = Würfelfestigkeit von Beton in der gleichen Beschaffenheit, wie er im Bauwerk verarbeitet wird, nach 28 Tagen — 2200

1. Erdfeuchter Beton: $\sigma_{bmax} \leqq \dfrac{1}{5} W_{e28}$, aber höchstens . .

2. Weicher und Gußbeton: $\sigma_b \leqq \dfrac{1}{4} W_{b28}$ und $\leqq \dfrac{W_{e28}}{5}$, aber höchstens . . . . }50

Bei einfacher Biegung ist eine Zugspannung von $\dfrac{1}{20}$ der zulässigen Druckspannung gestattet

III. Glas						
1. Geblasenes Rohglas		2600	—	—	120	—
2. Gegossenes Rohglas		2600	—	—	80	—
3. Drahtglas		2700	—	—	160	—
4. Glasbausteine einschl. Mörtel		65 kg/m²				
IV. Guter Baugrund		—	—	3—4	—	—

5. Zulässige Spannungen von Holz in kg/cm².

Art der Beanspruchung	Nadelholz	Eiche u. Buche
Druck in der Faserrichtung . . . . : . .	80	100
Biegung	100	110
Desgl. für übliches Bauholz im Wohnungsbau .	90	—
Zug in der Faserrichtung	90	105
Druck rechtwinklig zur Faserrichtung	20	40
Abscheren in der Faserrichtung	12	20

Bei Bauten untergeordneter Bedeutung dürfen die Zahlen um $\frac{1}{6}$ erhöht werden.

Druckstäbe und Stützen sind nach dem ω-Verfahren der Bauvorschrift für Holz zu bemessen.

6. Berechnung von Druckstäben im Hochbau nach dem ω-Verfahren.

$$\sigma_\omega = \frac{\omega S}{F} \leqq \sigma_{zul},$$

wobei

S = Größte Druckkraft in kg, F = Voller Stabquerschnitt in cm²,

$\omega = \sigma_{zul}/\sigma_{d\,zul}$ = Knickzahl, s_K = Freie Stabknicklänge in cm,

$\lambda = s_K/{_{min}i}$ = Schlankheitsgrad,

$_{min}i = \sqrt{\dfrac{_{min}J}{F}}$ = kleinster Trägheitshalbmesser des unverschwächten Stabquer-

schnittes in cm,

$_{min}J$ = Kleinstes Trägheitsmoment des unverschwächten Stabquerschnittes in cm⁴,

$\sigma_{zul} = 1200$ kg/cm² bei St 00·12,

$\sigma_{zul} = 1400$ kg/cm² bei Handelsbaustahl und bei St 37·12,

$\sigma_{zul} = 2100$ kg/cm² bei St 52.

7. Knickzahl ω für den Stahlbau.

λ	0	10	20	30	40	50	60	70	80
St 37·12	1,00	1,01	1,02	1,05	1,10	1,17	1,26	1,39	1,59
St 52	1,00	1,01	1,03	1,07	1,13	1,22	1,35	1,54	1,85

λ	90	100	110	120	130	140	150	160	170
St 37·12	1,88	2,36	2,86	3,40	4,00	4,63	5,32	6,05	6,83
St 52	2,39	3,55	4,29	5,11	5,99	6,95	7,98	9,08	10,25

λ	180	190	200	210	220	230	240	250	>250
St 37·12	7,66	8,53	9,46	10,43	11,44	12,51	13,62	14,78	unzu-
St 52	11,49	12,80	14,18	15,64	17,16	18,76	20,43	22,16	lässig

Die Spalte von St 37·12 gilt auch für St 00·12 und für Handelsbaustahl.

8. Verkehrsnutzlasten in kg/m² [1]).

Menschengedränge für Balkons u. dgl.	bis 400
In Schulzimmern für kleine Kinder	150 „ 200
In Schulzimmern für größere Kinder	200 „ 350
Bei Heuböden für 1 m Stapelhöhe	75
mindestens aber	250
Bei Strohböden für 1 m Stapelhöhe	50
mindestens aber	200
Für Fruchtböden und Salzspeicher	750 bis 1000
Für Mehlböden	500 „ 750
Für Räume zur Unterbringung von Kraftwagen	800 „ 1000

Für Gänge, die nur zu geschäftlichen Zwecken dienen, nicht aber
zur Benutzung durch das Publikum bestimmt sind   150

Für Aktengerüste und Schränke einschl. Hohlräume . . . . . $500 \frac{\text{kg}}{\text{Raummeter}}$

9. Eigengewichte und Nutzlasten für Decken.

a) Eigengewichte.

1. **Holzbalkendecken**
 { Balken (20/26 cm) mit Fußboden (3,5 cm)   70 kg/m²
 { Balkenlage mit halbem Windelboden u.
      Putz . . . . 250 „

2. **Gewölbte Decken**
ohne Trägergewicht
(bis 2 m Spannweite)
einschl. Hintermauerung
aus

Ziegelsteinen	{ $\frac{1}{2}$ St. stark	275	„
	{ 1 St. stark	540	„
Lochsteinen	$\frac{1}{2}$ St. stark	200	„
Schwemmsteinen	$\frac{1}{2}$ St. stark . . .	155	„
Rabitzgewölbe	5 cm stark	100	„

3. **Ebene Betondecke**, 10 cm stark, ohne Trägergewicht einschl.
Stahleinlagen 240   „

     (Für je 1 cm Mehrstärke je 25 kg/m² Mehrgewicht.)

b) Nutzlasten.

1. Waagerechte oder bis $\frac{1}{20}$ geneigte, dem Verkehr offene Dächer
ausschließlich Schnee und Wind   . . . . 200 kg/m²

2. Wohnungen, Büro- und Diensträume, Dachbodenräume, Läden
bis 50 m² Grundfläche 200   „

3. Treppen in Wohnhäusern einschließlich Podeste, Klassenzimmer,
Hörsäle 350   „

4. Geschäfts- und Warenhäuser, Versammlungsräume, Turnhallen . 500   „

5. Flure, Treppen und Podeste, Decken unter nicht befahrbaren
Höfen 500   „

---

[1]) Nichtamtliche Angaben aus: Stahl im Hochbau. Düsseldorf: Stahleisen.

c) Neigungen, Eigengewichte und Nutzlasten für Dächer.

Dachdeckung	Kleinste Dachneigung		Eigengewichte			
			Dachdeckung einschl. Lattung bzw. Schalung in kg/m² schräger Dachfläche	Sparren	Pfetten	Binder
	$\frac{f}{l}$	α		kg/m² Grundriß		
Biberschwänze und Dachpfannen	1/3	33°40'	85			
Falzziegel	1/3	33°40'	65			
Schiefer { deutscher	1/3	33°40'	65	10	10	15
Schiefer { englischer	1/5	21°50'	55	bis	bis	bis
Doppelpappdach	1/20	5°40'	55			
Holzzementdach mit 7 cm starker Kiesschicht	1/50	2°20'	180	15	20	30
Eisenwellblech	1/20	5°40'	25			
Glas (6 mm Drahtglas)	1/3	33°40'	35			
Bimsbetonplatten	1/10	—	80—120			

Schneelast S.

Für waagerechte Fläche S mindestens 75 kg/m².
Für Dächer in kg pro 1 m² Dachrißgrundfläche:

α	20°	25°	30°	35°	40°	45°	>45°
S	75	70	65	60	55	50	0 kg/m²

wobei α = Neigungswinkel der Dachfläche gegen die Waagerechte.

Winddruck.

Die Windrichtung kann im allgemeinen waagerecht angenommen werden. Bezeichnet w_0 den Winddruck auf 1 m² einer zur Windrichtung senkrechten ebenen Fläche F, so ist bei beliebigem Anfallswinkel α der auf F entfallende, senkrecht zu ihr wirkende Winddruck mit $W = w_0 F \sin^2 \alpha$ in Rechnung zu stellen:

Für w_0 gelten folgende Werte:

Vom Winde getroffene Fläche . . . . w_0 in kg/m²

Wandteile in der Höhe von 15 m 100

Wandteile in der Höhe von 15 bis 25 m und Dächer in weniger als 25 m Höhe 125

Über 25 m hoch liegende Wandteile und Dächer 150

Stahlgitterwerk, Holzgerüste und Masten 150

Innerer Überdruck für Dach und Wände offener Hallen und freistehender Dächer auf 1 m² rechtwinklig getroffener Fläche . . . 60

An der Küste und im Gebirge ist w_0 um 25 bis 50 % zu erhöhen.

10. Hölzer für Hochbauzwecke.

a) Bretter und Bohlen nach DIN 4071.

Dicken in mm.

Bretter　10,　12,　15,　18,　20,　24,　26,　30,　35,　40.
Bohlen　45,　50,　55,　60,　65,　70,　80,　90,　100.

b) Kanthölzer, Balken und Dachlatten nach DIN 4070.

Abmessungen b/h in cm.

Kantholz　6/10,　6/12,　8/8,　8/10,　8/14,　8/16,
　　10/10,　10/12,　10/14,　10/16,　12/12,　12/14,
　　12/16,　14/14,　14/16,　14/18,　16/16,　18/18.

Balken　8/20,　10/20,　10/22,　12/24,　12/26,　14/20,
　　16/20,　16/22,　16/24,　18/22,　18/24,
　　20/20,　20/24,　20/26.

Dachlatten　24/28,　30/35,　40/60,　50/80.